钻 石

Diamond

何明跃　王春利　编著

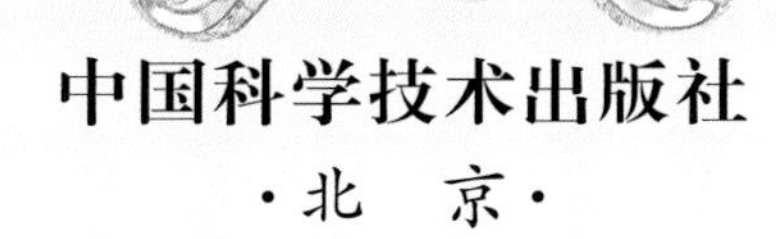

中国科学技术出版社
·北　京·

图书在版编目（CIP）数据

钻石 / 何明跃，王春利编著 . —北京：中国科学技术出版社，2015.10

ISBN 978-7-5046-6988-9

Ⅰ. ①钻… Ⅱ. ①何… ②王… Ⅲ. ①钻石—研究 Ⅳ . ① TS933.21

中国版本图书馆 CIP 数据核字（2015）第 228402 号

策划编辑	董素民　赵　晖
责任编辑	郭秋霞　张　楠　赵　佳
装帧设计	中文天地
责任校对	刘洪岩
责任印制	张建农

出　　版	中国科学技术出版社
发　　行	科学普及出版社发行部
地　　址	北京市海淀区中关村南大街 16 号
邮　　编	100081
发行电话	010-62103130
传　　真	010-62179148
网　　址	http://www.cspbooks.com.cn

开　　本	889mm × 1194mm　1/16
字　　数	260 千字
印　　张	13
版　　次	2016 年 1 月第 1 版
印　　次	2016 年 1 月第 1 次印刷
印　　数	1-8000 册
印　　刷	北京华联印刷有限公司
书　　号	ISBN 978-7-5046-6988-9/TS · 76
定　　价	188.00 元

序
Foreword

在人类文明发展的悠久历史上，宝石的发现和使用无疑是璀璨耀眼的那一抹彩光。随着人类前进的脚步，一些珍贵的品种不断涌现，这些美好的珠宝首饰，很多作为个性十足的载体，独特、深刻地记录了人类物质文明和精神文明的进程。特别是那些精美的珠宝玉石艺术品，不但释放了自然之美，魅力天成，而且凝聚着人类的智慧之光，是人与自然、智慧与美的结晶。在这些作品面前，岁月失语，唯石、唯金、唯工能言。

如今，我们进入了“大众创新、万众创业”的新时代。而作为拥有强烈社会责任感和文化使命感的北京菜市口百货股份有限公司（以下简称菜百公司），积极与国际国内珠宝首饰众多权威机构和名优企业合作，致力于自主创新，创立了自有珠宝品牌，设计并推出丰富的产品种类，这些产品因其深厚的文化内涵和历史底蕴而引领大众追逐时尚的脚步。菜百公司积极和中国地质大学等高校及科研机构在技术研究和产品创新方面开展合作，实现产学研相结合，不断为品牌注入新的生机与活力，从而将优秀的人类文明传承，将专业的珠宝知识传播，将独特的品牌文化传递。新时代，新机遇，菜百公司因珠宝广交四海，以服务走遍五湖。面向世界我们信心满怀、面向未来我们充满期待。

通过本丛书的丰富内容和诸多作品的释义，旨在记录我们这个时代独特的艺术文化和社会进程，为中国珠宝玉石文化的传承有序做出应有的贡献。感谢本丛书所有参编人员的倾情付出，因为有你们，这套丛书得以如期出版。

中国是一个古老而伟大的国度，几千年来的历史文化是厚重的，当代的我们将勇于担当，肩负起中华珠宝文化传承和创新的重任。

北京菜市口百货股份有限公司董事长

作者简介
Author profile

何明跃，中共党员，博士，教授。现任中国地质大学（北京）珠宝学院院长，主要从事宝石学、矿物学的教学和科研工作。曾荣获北京市高等学校优秀青年骨干教师、北京市优秀教师、北京市优秀青年骨干教师、北京市德育教育先进工作者、北京市建功立业标兵等称号。现兼任全国珠宝玉石质量检验师考试专家委员会副秘书长、全国珠宝玉石标准化技术委员会委员、全国首饰标准化技术委员会委员、中国资产评估协会珠宝首饰艺术品评估专业委员会委员、中国黄金协会科学技术奖评审委员、中国矿物岩石地球化学学会第五届委员等职务，国家珠宝玉石质量检验师。

主持和参加多项国家级科研项目，发表了数十篇学术论文和近十部专著，所著图书《翡翠鉴赏与评价》在翡翠收藏和珠宝教学等方面有重要的指导意义；出版的《新英汉矿物种名称》作为地球科学领域权威的工具书，对专业教学和科研工作提供了有效服务。

作者简介
Author profile

王春利，研究生学历，现任北京菜市口百货股份有限公司董事、总经理，中共党员，长江商学院EMBA，高级黄金投资分析师，比利时钻石高层议会钻石分级师，中国珠宝首饰行业协会副会长、中国珠宝首饰行业协会首饰设计专业委员会主任、彩宝专业委员会名誉主席、全国珠宝玉石标准化技术委员会委员、全国首饰标准化技术委员会委员、上海黄金交易所交割委员会委员。

“创新、拼搏、奉献、永争第一”是菜百精神的浓缩，王春利用自己的努力把这种精神进一步诠释，“老老实实做人，踏踏实实做事”，带领菜百公司全体员工，确立了“做每个人的黄金珠宝顾问”的公司使命；以不断创新、勇于改革为目标，树立了“打造集团化运营的黄金珠宝饰品供应和服务商”这一宏伟愿景。

北京菜市口百货股份有限公司主要参与编著人员

刘　鸽

时　磊

杨　娜

卢　慧

阳　琳

王　宇

中国地质大学（北京）珠宝学院主要参与编著人员

贾晓丹

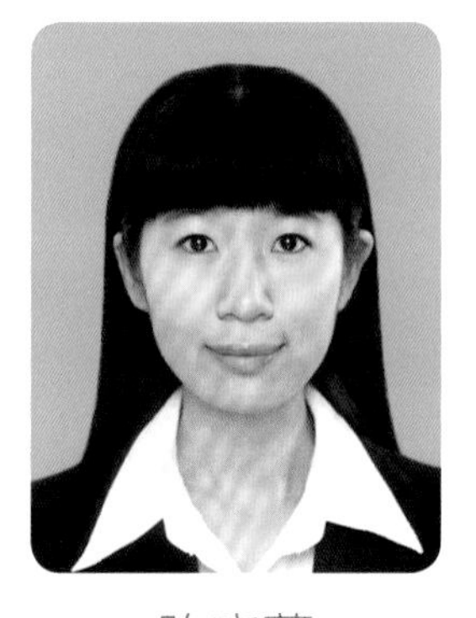

陈晓蕾

李盈青

曲　梦

前言

Preface

钻石是大自然神奇的杰作，堪称“宝石之王”。每一件钻石首饰都是生动的艺术珍品，凝聚了设计师独具匠心的神思妙想和巧夺天工的精工细作，述说着悠久的历史与美丽的传说，映射出文化和艺术的传承与发展，激发着人们对未来美好的向往。

钻石是皇权的象征，古代帝王希望其统治能如同钻石一样坚固恒久，于是将钻石镶于象征权力的桂冠和权杖之上。英国王室拥有世界上最大的钻石库里南和众多世界名钻，俄罗斯克里姆林宫的钻石宝库中珍藏有 3 颗世界排名前 10 位的大钻石。

钻石是尊贵的爱情信物，象征着爱情的坚贞、纯洁、炽热与永恒，新娘和新郎在步入婚姻殿堂时，会将钻石戒指戴在左手无名指上，作为彼此间爱的表达与承诺；钻石也是结婚 60 周年的纪念宝石，象征着真爱与永恒；它还是 4 月的生辰石，代表着纯洁、坚强与独一无二。

钻石最初的发源地是东方古国印度。早在公元前 4 世纪，印度就有对钻石的描述，并开始将其作为雕刻工具使用。目前，全球近 30 个国家已发现钻石矿床，其中俄罗斯、博茨瓦纳、刚果（金）、南非、加拿大、澳大利亚和安哥拉 7 个国家是世界上最主要的钻石产出国，其钻石总产量占全球产量的 90% 以上。

钻石具有独特的属性：世界上最坚硬的天然宝石矿物，摩氏硬度为 10；天然矿物中最具典型的金刚光泽；透明矿物中折射率值及色散值极高，而呈现极强的火彩；天然钻石资源稀少，宝石级的钻石更为稀有；钻石恒久远的全球性文化内涵，等等。正是这些独一无二的特性，使得钻石更显珍贵，深受人们喜爱，成为收藏、佩戴、投资与保值的珍品，也成为女性展示自己独特魅力和高贵身份的最好象征。

钻石的颜色、净度、切工及重量四个方面（简称“4C”）的质量评价在国内外具有公认的分级标准，这些标准极大地促进了世界钻石贸易的国际化与规范化，使全球的钻石价格更加透明、规范与稳定。目前国内市场中出售的钻石，大部分都配有权威机构出具的证书，为钻石购买者提供了可靠的保障。

本书是在我国钻石市场规范发展的形势下，为满足钻石从业人员和爱好者了解掌握钻石专业知识、领会钻石文化内涵的需要而撰写出版的。作者长年对钻石研究成果、同行交流、市场调研以及销售人员长期积累的经验做出归纳总结，并结合国内外最新市场信息而撰写。全书共有8章，分别为钻石的历史与文化、钻石的宝石学性质与鉴定、钻石的质量分级、钻石的形成与产地、钻石的开采及加工与贸易、钻石首饰的设计制作及精品欣赏、钻石价格的影响因素及选购。

作者在撰写本书的过程中，与很多同行专家和北京菜市口百货股份有限公司（以下简称“菜百公司”）等钻石销售机构进行了深入的交流和探讨。本书中，我们全面收集整理了菜百公司及其钻石营销人员多年来积累的资料和图片，并对其实际鉴别、分级和销售的经验加以总结，还有公司首饰设计师的获奖设计作品，与读者共赏。菜百公司曾先后荣获“中华老字号”“中国珠宝玉石行业优秀放心示范店”等殊荣。董事长赵志良长期精心打造菜百首饰品牌，完善和发展特色经营理念，积极倡导与高校及科研机构在技术研究和产品开发方面的合作，总经理王春利带领员工赴国内外钻石产出、加工、镶嵌制作及批发销售的国家和地区进行调研，在研究开发、人才培养、销售服务等方面持续创新。本书的出版展现了在钻石合作研究方面取得的可喜成果。

本书由本书由何明跃、王春利负责编写，其他参加人有刘鸽、时磊、杨娜、卢慧、阳琳、王宇等，中国地质大学（北京）珠宝学院的贾晓丹、陈晓蕾、李盈青、曲梦等。

在本书的前期研究和撰写过程中，我们得到了国内外珠宝首饰行业院校及培训机构、研究机构、专家学者及企业同仁们的帮助与支持，国家科技基础条件平台“国家岩矿化石标本资源共享平台”（http://www.nimrf.net.cn）提供图片和资料，国家珠宝玉石质量监督检验中心（NGTC）、中国地质大学（北京）珠宝学院实验室、美国宝石学院（GIA）、日本爱媛大学（Ehime University）、戴比尔斯集团公司（De Beers Group of Companies）、阿盖尔钻石矿（The Argyle Diamond Mine），宝石学专家 Roland Schluesse（Pillar & Stone International）、Alan Bronstein（Aurora Gems New York），美国刘氏实验室（Liu Research Laboratories, LLC）创始人刘严以及校友李小波先生为本书提供图片，在此一并表示衷心的感谢。

目录
Contents

第一章
Chapter 1
钻石的历史与文化

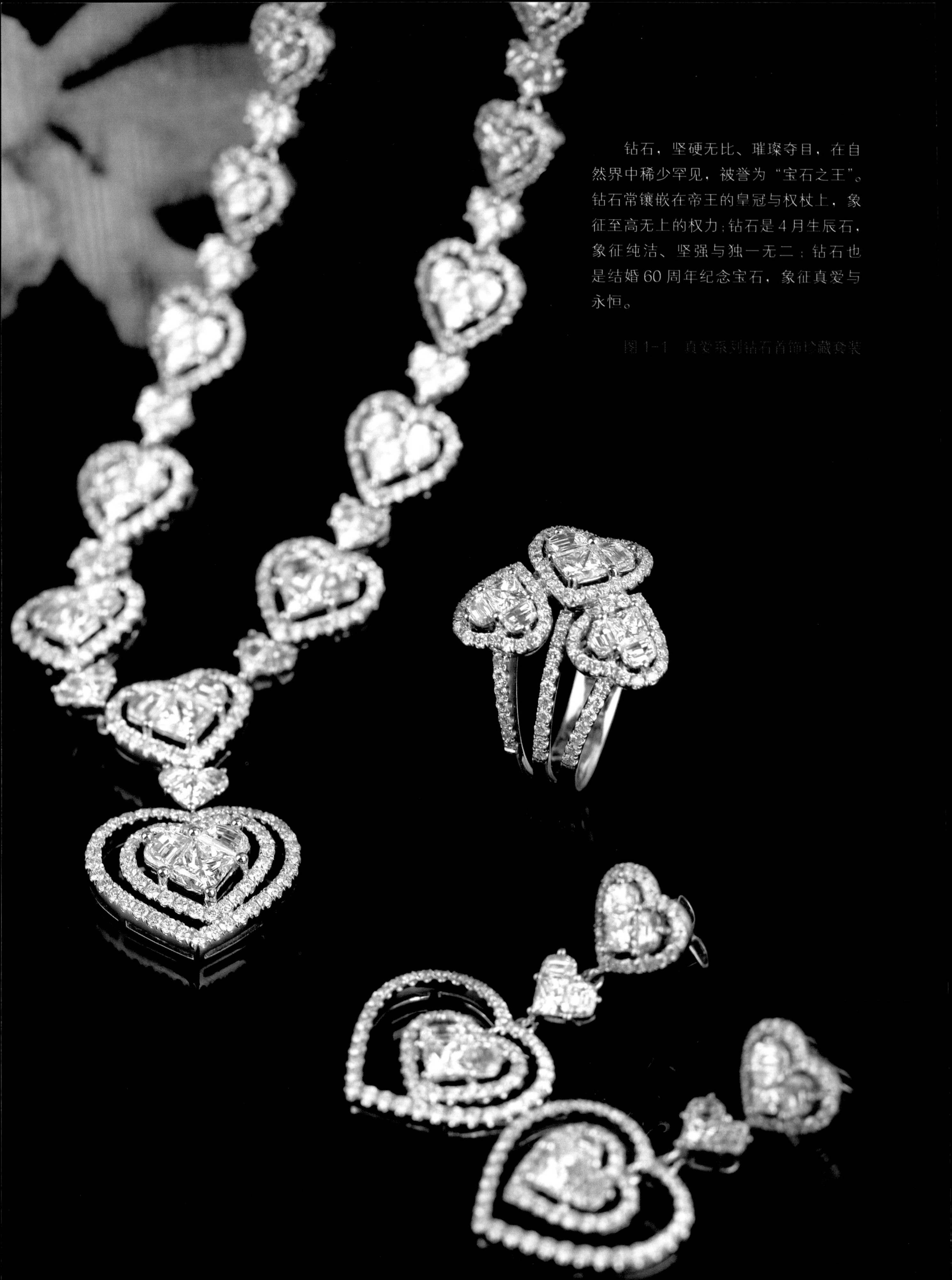

钻石，坚硬无比、璀璨夺目，在自然界中稀少罕见，被誉为“宝石之王”。钻石常镶嵌在帝王的皇冠与权杖上，象征至高无上的权力；钻石是4月生辰石，象征纯洁、坚强与独一无二；钻石也是结婚60周年纪念宝石，象征真爱与永恒。

图 1-1　真爱系列钻石首饰珍藏套装

第一节

钻石的名称由来与传说故事

一、钻石的名称由来

钻石，又名金刚石。其英文名 Diamond，来源于希腊文“Adamas”，意为“不可战胜的”。而它最古老的名字其实是梵文的“Vajra”（金刚，也有闪电之意）或“Indrayudha”（战神的武器）。

经考古发现证实，钻石最早的发源地在东方古国印度。早在公元前 4 世纪，旃陀罗笈多时代的梵文史诗巨著《摩诃婆罗多》（*Mahabharata*）中，就已出现对钻石的描述，这是人类历史上关于钻石最早的文字记载。

印度人最初关注的并非钻石的美丽，而是其非凡的硬度。在侨胝里耶（Kautilya）所著的《政事论》（*Arthasastra*）中，提到钻石“能在盘碟上划出痕迹”。公元 6 世纪，印度一本研究宝石性质的著作《诸宝性论》（*Ratnapariksa*）中有更加确切地描述：“世界上的一切宝石和金属，都能被钻石刻划，而钻石却不会被它们划伤”。尽管当时人们已经认识到钻石非同寻常的硬度，并开始将其作为雕刻工具使用，却无法理解其中的缘由，于是将其归结为“石之神”的魔力。

中国历史上有关钻石的确切记载，最早见于晋代《起居注》，“咸宁三年，敦煌上送金刚……可以切玉，出天竺。”后人据此推断，中国早期出现在记载中的钻石，有可能是随同佛教从印度进入中国。而中文的“金刚石”一词也是由梵文“Vajra”翻译而来。

至于钻石具体是何时进入中国，迄今仍无定论。有学者猜想，《诗经》中“他山之石，可以攻玉”的“石”，以及《列子》提到的“切玉如泥”的“昆吾刀”，极有可能指的就是钻石。中国近代地质学家章鸿钊《石雅》一书中记载有“切玉刀”即“金刚钻”，以及“以铁质金刚，贯之铁柄，得钻宝石真珠”的说法，与钻石中文名称的起源有关。

二、钻石的传说故事

古希腊人认为，钻石是陨落到地球的星星碎片，并将其视为“天神滴落的眼泪”。古代巴比伦人认为，钻石为双子星座的第三面目，也视其为金牛座的第一象征。

图 1-2　传说故事里的钻石山谷

在古印度神话中，钻石则是由斗神阿修罗（Asura）的骨骸散落在大地上形成。印度民间还流传着“钻石山谷”的故事（图 1-2）。传说，亚历山大大帝东征印度时，曾发现一座钻石山谷，其中布满了钻石。但这里高山环绕，飞鸟难渡，又有无数毒蛇盘踞在谷底，众军士只能望谷兴叹。亚历山大大帝令士兵将羊宰杀后撕成块片，扔到谷底，羊肉上便沾满了钻石。饥饿的秃鹰飞进山谷，抓起黏附了钻石的肉块，飞回山顶。守候在谷顶的士兵再以弓箭射下秃鹰，从羊肉上取下钻石。

第二节

钻石的文化

一、钻石与宗教

在东方，钻石与佛教、印度教有着千丝万缕的联系。“金刚”一词，在佛教典籍中经常出现。

藏传佛教中有一种古老的护身符金刚杵，它与钻石有着相同的藏语名字“Dorjes”。有学者认为，金刚杵两端尖锐的形状极有可能是以八面体钻石原石为原形塑造的（图1–3）。

西方中世纪的宗教典籍中，也常常出现钻石的身影。《圣经·出埃及记》中曾提到，大祭司亚伦（Aaron）的胸甲上镶有12颗宝石，钻石就位列其中。

图1–3　藏传佛教中的护身符金刚杵

二、钻石与皇权

图 1-4　俄国女皇叶卡捷琳娜二世的加冕皇冠

钻石永恒而不可战胜的特性使其从发现之初便成为皇权的象征，一度只为皇室所拥有，象征至高无上的权力。古代帝王总希望自己的统治能够永远延续，权力如同钻石一样坚固恒久，纷纷将钻石镶在象征权力的桂冠和权杖上（图 1-4）。这种传统一直延续下来。时至今日，历史上有记载的全世界最大、最优质的钻石都珍藏在各国皇室的秘密宝库中。

英国王室拥有当前世界最大的钻石库里南和众多的世界级名钻，其钻石收藏堪称世界之最。这些钻石或镶嵌在皇冠、权杖上，或制作成珍贵的皇家珠宝首饰。英国国王亨利八世（1491—1547）是钻石收藏家，他用八面体钻石晶体镶嵌的戒指曾风靡一时，引领时尚。1850 年，维多利亚女王（1819—1901）得到印度献上的重达 105.6 克拉的名钻——光明之山，并于 1877 年将之镶嵌在王冠上。1907 年，爱德华七世（1841—1910）在 66 岁生日时收到了世界最大的钻石——库里南，切磨后的库里南Ⅰ号和库里南Ⅱ号分别镶嵌在著名的皇家十字权杖（the Sovereign's Sceptre with Cross）和帝国皇冠（The Imperial State Crown）上。2011 年，凯特王妃在婚礼上佩戴女王伊丽莎白二世（Elizabeth Ⅱ）的光环王冠（Halo Tiara），该王冠由卡地亚（Cartier）珠宝公司 1936 年采用铂金和钻石制作。

图 1-5　克里姆林宫钻石宝库
（图片来源：Shakko，Wikimedia Commons，CC BY-SA 3.0 许可协议）

法国国王拿破仑在刀柄上镶嵌钻石，以求攻无不克之意。俄国彼得大帝不仅不遗余力地收集钻石，还颁布了一道保护珍宝的专项法令，规定一定重量以上的钻石和珠宝必须由皇家收购。18 世纪彼得大帝一手建立了世界著名的俄罗斯克里姆林宫钻石宝库（Russian Diamond Fund，图 1–5），后经历代帝王扩充，如今钻石宝库已成为世界名钻的聚集地，世界排名前 10 的大钻石中，有 3 颗就珍藏在这里。

三、钻石与女性

在钻石最初问世的岁月里，女性是无权拥有的。11 世纪，法国国王路易九世曾颁布法令，禁止所有女性佩戴钻石，即便是皇室女性也不例外。在他看来，只有圣母玛利亚才配得上佩戴钻石。直到 13 世纪，深得法国国王查理七世宠爱的阿格尼丝·索雷尔（Agnès Sorel）打破了这一规定，多次在公开场合佩戴钻石，钻石饰品才开始出现在女士的珠宝盒中，从此与女性结下不解之缘。

英国女王伊丽莎白一世（Elizabeth Ⅰ，图 1–6）有以钻石刻诗的故事。在传奇的一生中，她是钻石的忠实追随者，拥有各种华美的钻石首饰。年轻时的伊丽莎白（图 1–7），在被玛丽女王“软禁”于伍德斯托克城堡（Woodstock Palace）期间（1554—1555），甚至用钻石在自己寝宫的玻璃窗上刻了一首短诗：“我心满是疑惑，却无从解答，囚犯伊丽莎白作。”（“Much suspected by me，nothing proved can be，quoth Elizabeth prisoner.”）相传，这一做法引得贵族女子纷纷效仿，用钻石在玻璃上刻诗，一度在欧洲流行起来。

比利时伊丽莎白王后拥有叶形铂金钻石王冠。王冠于 1910 年由卡地亚珠宝公司制

图 1–6　英国女王伊丽莎白一世

图 1–7　年轻时的伊丽莎白一世

图 1-8　比利时伊丽莎白王后（右）及所佩戴的叶形铂金钻石王冠（左）

作，选择卷叶和象征着皇权的月桂树叶作为设计元素，通体镶嵌钻石的设计打造出奢华高贵的质感。涡卷造型采用一颗垫型钻石和圆形旧式切割钻石镶嵌而成，中央高度为5.5cm（图 1-8）。在王后 1965 年去世后，这顶王冠被她的儿子利奥波德国王送给他的第二任妻子莉莲王妃，王妃在国王去世后将王冠拍卖。

英国埃塞克斯郡的伯爵夫人阿德拉最早拥有埃塞克斯钻石王冠（Essex Tiara），是在1902 年由卡地亚珠宝公司制造，镶嵌有垫形、圆形旧式切割和玫瑰式切割钻石，中央高度为8.05cm（图 1-9）。冠冕之后被出售，由卡地亚公司回购。克莱门汀·丘吉尔夫人曾借用这顶冠冕参加女王的加冕礼。罗马尼亚公主玛格丽特 1996 年结婚时，租用了这顶冠冕。

里拉·范德比尔特·斯洛恩（Lila Vanderbilt Sloane）拥有波浪形现代冠冕，于 1902 年由卡地亚珠宝公司设计制造，采用三重波浪形设计，将精美的发型与冠冕相结合，增强时尚感。该冠冕采用旧式切割和玫瑰式切割钻石，种子式镶嵌（Millegrain Settting）在铂金上（图 1-10）。美国著名的铁路大王康内留斯·范德比尔特（Cornelius Vanderbilt）

图 1-9　埃塞克斯伯爵夫人的钻石冠冕

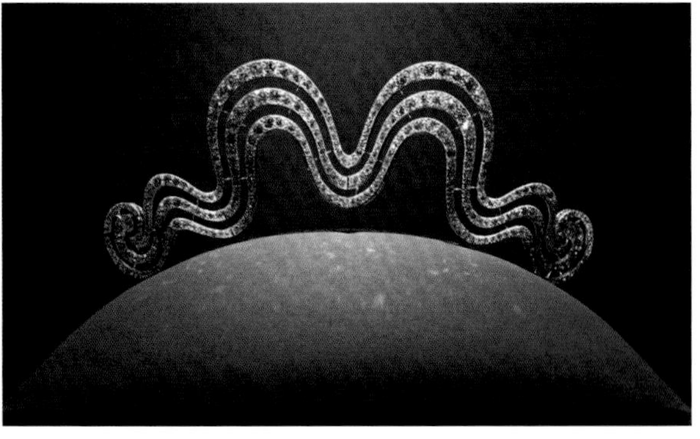

图 1-10　波浪形现代冠冕

的嫡系子孙里拉·范德比尔特·斯洛恩，收购了此款现代头饰。

玛丽·司科特·汤森特（Mary Scott Townsend）拥有百合三角胸衣胸针及钻石颈饰，于1906年由卡地亚珠宝公司制造。百合三角胸衣胸针采用旧式切割和玫瑰式切割钻石，种子式镶嵌于铂金上，展开的两翼各长27cm（图1-11）。钻石颈饰采用圆形旧式切割钻石，种子式镶嵌于铂金上，长33cm，高5.4cm（图1-12）。玛丽·司科特·汤森特是20世纪初华盛顿上流社会的一名显赫成员，她的侄孙女唐纳德·麦克罗伊（Thora Ronalds McElroy），即司科特—斯特朗（Scott-Strong）煤矿和铁路继承人，继承了这两款首饰。

图1-11　百合三角胸衣胸针

图1-12　钻石颈饰

钻石是女性展示自己独特魅力和高贵身份的最好象征，钻石的璀璨光芒衬托着女性的容颜之美，而其坚硬、独一无二的特质，正是对现代女性坚强、独立个性的完美诠释（图1-13）。正如美国好莱坞性感影星玛丽莲·梦露在电影《绅士爱金发女郎》（*Gentlemen Prefer Blondes*）中高唱的那样，“这些石头恒久不变。钻石是女人最好的朋友。”（“These rocks don’t lose their shape. Diamonds are a girl’s best friend.”）

图1-13　玫瑰切工钻石项坠

图 1-14　玛丽公主

四、钻石与爱情

“钻石恒久远，一颗永流传。”用钻石打造戒指，作为爱情信物戴在指间的传统，最早可以追溯到15世纪的法国。据说，左手无名指有一条特殊的静脉直通心脏，新郎新娘在步入婚姻殿堂时，将钻石戒指戴在左手无名指上，可以作为彼此爱的表达与承诺。

世界上第一枚结婚钻戒出现于15世纪。1477年，奥地利大公马克西米利安一世（Maximilian Ⅰ）爱上了法国勃艮第的玛丽公主（Mary of Burgundy），（图 1-14）。为赢得她的芳心，马克西米利安一世命人打造了一枚珍贵的钻石戒指，并在订婚时戴在玛丽的手指上。从此，以钻戒订婚，便成为一种传统。有趣的是，由于当时钻石的打磨切割技术还未出现，马克西米利安一世赠送的戒指上镶嵌的是一颗未经切磨的钻石晶体原石。

钻石的独一无二象征爱情的专一，钻石的坚硬象征爱情的坚贞不渝，钻石的纯净象征爱情的纯洁，钻石的璀璨象征爱情的炽热（图 1-15）。因此，钻石成为最尊贵的爱情信物，甚至还开启了“无钻不婚”的新风尚。

图 1-15　钻石婚戒

第三节

世界著名钻石

一、库里南钻石

库里南钻石（Cullinan Diamond）是人类历史上发现的最大钻石，原石重 3106 克拉，体积相当于一个成年男子的拳头。它纯净透明，带有淡蓝色调，是钻石中的极品。

1905 年 1 月 26 日，在南非普列米尔（Premier）矿山，一名黑人矿工偶然看到矿场地上半露出一块闪闪发光的东西。他用小刀将其挖出来一看，竟是一块巨大的钻石原石（图 1–16）。由于时任矿主的名字是托马斯·库里南（Thomas Cullinan），故将钻石命名为库里南。

图 1–16　库里南钻石原石
（图片来源：Copyright of the De Beers Group of Companies）

1907 年，南非地方政府将其赠予英国国王爱德华七世。有趣的是，为了防止跃跃欲试的海盗们在运送途中伺机对“库里南”下手，这颗巨大钻石最终并非由专人护送到英国，而是作为普通邮件送至国王宫殿。

英国国王将加工这颗巨钻的任务交给了著名的钻石切磨师约瑟夫·阿舍尔（Joseph

Asscher),(图 1-17)。阿舍尔历时整整 8 个月，终于将其磨成了 9 颗大钻石、96 颗小钻石，并留下一颗 9.5 克拉的原石。9 颗大钻石分别命名为库里南Ⅰ～Ⅸ号(Cullinan Ⅰ～Ⅸ)。其中，最大的一颗重 530.2 克拉，取名非洲之星(the Great Star of Africa)，第二大的命名为非洲之星第二(the Lesser Star of Africa)。

图 1-17　约瑟夫·阿舍尔劈开库里南钻石
(图片来源：Copyright of the De Beers Group of Companies)

现在这 9 颗大钻石归英国皇室所有，被镶嵌在女王加冕的权杖与王冠之上，或被加工为精美的珠宝首饰，成为皇室珠宝中璀璨的明星。

(一) 库里南Ⅰ号——非洲之星

库里南Ⅰ号(Cullinan Ⅰ，图 1-18)又称为非洲之星，是目前世界第二大成品钻石。现镶嵌在英国皇室皇家十字权杖上。

图 1-18　库里南Ⅰ号

重　　量：530.2 克拉
形　　状：水滴形，74 个刻面

（二）库里南Ⅱ号——非洲之星第二

库里南Ⅱ号［Cullinan Ⅱ,（图 1-19）］又称为非洲之星第二，现镶嵌在英国皇室的帝国皇冠上（图 1-20）。

重　　量：317.4 克拉
形　　状：垫型，64 个刻面

图 1-19　库里南Ⅱ号

图 1-20　帝国皇冠

二、世纪钻石

戴比尔斯公司（De Beers）在其成立 100 周年之际，即 1988 年 3 月 11 日，在南非著名的盛产名钻的普列米尔金伯利岩岩管中发现了一颗重 599.00 克拉纯洁无瑕、颜色极佳的特优级钻石，命名为世纪钻石［Centenary Diamond,（图 1-21）］。

这颗钻石经专业切磨师历时三年设计、切割、琢磨，最终加工为一颗重 273.85 克拉的巨钻。该钻石顶部有 75 个面，底部有 89 个面，腰部有 83 个面，总计有 247 个面，使之放射出璀璨的光芒。尽管这颗钻石从未公开估价，但 1988 年戴比尔斯公司为世纪钻石投保了约 1 亿美元。

图 1-21　世纪钻石

重　　量：273.85 克拉
颜　　色：无色
形　　状：多面形
原石重量：599 克拉
发 现 地：南非普列米尔矿
发现时间：1988 年
现存放地：戴比尔斯公司

三、霍普钻石

霍普钻石（Hope Diamond，图 1–22）无疑是世界上最著名的彩色钻石。这颗被后人视为“厄运之星”的深蓝色钻石如同深邃幽蓝的大海，发生在它身上的一个个故事，更是充满了扑朔迷离的神秘色彩。

图 1–22　霍普钻石

重　　量：45.52 克拉
颜　　色：蓝色
形　　状：古枕形切工
原石重量：约 112 克拉
发 现 地：印度戈尔康达
发现时间：1812 年
现存放地：美国华盛顿史密森国立自然历史博物馆

相传，这颗钻石来源于印度戈尔康达（Golconda）地区，最初的拥有者、发现者和发现地点均无记载。一位法国商人让·巴蒂斯·特塔维涅（Jean–Baptiste Tavernier）于 1668 年将其带回法国，献给法国国王路易十四。路易十四称其为王冠蓝钻（Le Bijou du Roi）或法兰西之蓝（Le bleu de France），命宫廷御用珠宝匠将其切割，镶嵌在黄金底座上，连上缎带，作为国王典礼上使用的项饰。不久，路易十四死于天花。随后继位的路易十五，发誓决不佩戴这颗钻石，将其送给情人杜伯瑞伯爵夫人，法国大革命时期伯爵夫人被砍头。接着继位的是路易十六，他的王后常佩戴此钻，结果夫妻双双被送上断头台。钻石之后的新主人兰伯娜公主，法国大革命时被杀。

1792 年，法兰西国库被盗，蓝钻一度消失。当它再次出现在伦敦珠宝市场时已被重新切磨成 45.52 克拉。著名银行家亨利·菲利普·霍普（Henry Philip Hope，1774—1839）将其买走，从此钻石命名为霍普（Hope），并成为霍普家族（图 1–23）的收藏品。老霍普 1839 年去世，他的三个侄子为了争夺遗产打了 10 年官司，最后亨利·托马斯·霍普（Henry Thomas Hope）赢得了这颗钻石。后来，这颗钻石先后在 1851 年伦敦世界博览会和 1855 年巴黎世界博览会上展出。

亨利·托马斯·霍普去世后，其外孙第八世纽卡斯尔公爵（Lord Francis Hope）于 1887 年获得了这颗钻石，但条件是要在他自己的姓氏前添加霍普。公爵挥霍无度，但按照遗嘱，他不能将钻石出售。1894 年，他迎娶美国女演员 May Yohé 为妻，后来一直靠

图 1-23　霍普家族（绘于 1804 年）

妻子片酬维持生计。纽卡斯尔彻底破产后，只得申请拍卖霍普钻石。1901 年，他获得法庭准许其出售钻石偿还债务的许可，伦敦珠宝商 Adolph Weil 以 2.9 万英镑将其买下，接着转手给了美国人 Simon Frankel。1908 年，巴黎的 Selim Habib 以 40 万美元买下这颗钻石，并将该钻石出售给巴黎的 C.H. Rosenau。1910 年，著名珠宝商皮耶尔·卡地亚（Pierre Cartier）以 55 万法郎将其购入。卡地亚重新镶嵌了这颗宝石，并出售给华盛顿的百万富翁爱德华·麦克林（Edward McLean）夫妇。虽然在得到钻石之后，麦克林夫人（Evalyn Walsh McLean，图 1-24）的儿子、丈夫、女儿相继死亡，但是她不相信钻石带来厄运的传说，一直是此钻的拥有者并经常佩戴，直至 1947 年逝世。

图 1-24　佩戴霍普钻石的麦克林夫人

1949年，霍普钻石再次被拍卖。这一次，著名的美国大珠宝商哈里·温斯顿（Harry Winston）成了霍普钻石的新主人。多年已过，温斯顿家庭和睦、事业发达，迷信终于破灭，噩运结束了。1958年10月，温斯顿把它无偿捐献给了国家，现珍藏在美国华盛顿史密森国立自然历史博物馆（Smithsonian National Museum of Natural History）。从此，这颗历尽坎坷、蒙受了无数不白之冤的美丽蓝色钻石——霍普，找到了自己的归宿。它不再是炫耀权贵或增加华丽的装饰品，而成为国家的财富和科学研究的标本。

四、光明之山

传说，印度教经文中有这样一段文字："谁拥有它，谁就拥有整个世界；谁拥有它，谁就得承受它所带来的灾难。唯有上帝或一位女人拥有它，才不会受到任何惩罚。"

这段经文所说的就是被誉为世界最古老的钻石光明之山（Koh-I-Noor，图1-25）。相传，这颗钻石1655年发现于印度戈尔康达地区的科勒尔矿山，原石重达800克拉，经多次切磨，目前重量为105.6克拉。17—19世纪的200年，这颗钻石在印度皇室引发了无数次的血腥屠杀和争斗，一度拥有它的君主最终都惨遭厄运。

最后，印度人遵循古老经文，将光明之山献给了一个女人——大英帝国维多利亚女王。女王将这颗钻石镶嵌在胸针上，之后又用其点缀王冠。从此，它成了英国王冠上最夺目的主钻。如今，光明之山珍藏在伦敦塔（London Tower）里，向世人展示着英国君主的财富与地位，也默默讲述着它那血雨腥风的故事，引发人们对其神秘莫测的未来有无限的猜测。

图1-25　光明之山

重　　量：105.6克拉
颜　　色：无色
形　　状：椭圆形
原石重量：800克拉
发 现 地：印度戈尔康达地区
发现时间：1655年
现存放地：英国伦敦塔

图 1-26 摄政王钻石

重　　量：140.5 克拉
颜　　色：无色（带淡蓝色调）
形　　状：古垫形切工
原石重量：410 克拉
发 现 地：印度戈尔康达地区
发现时间：1701 年
现存放地：法国巴黎卢浮宫

五、摄政王钻石

相传，摄政王钻石（图 1-26）最初由一名印度奴隶发现。奴隶忍痛割破大腿，将钻石藏在皮肉之中，然后缠上绑带，才把钻石带出矿山。他逃到海边，向一个英国船长吐露了秘密，并提出与该船长分享钻石，条件是帮助他逃离这个国家。船长表面上答应了他的要求，途中却抢走钻石，把奴隶扔进了茫茫大海。

图 1-27 奥尔良公爵菲利普二世

1701 年，马德拉斯的英国总督托马斯·皮特以 2.04 万英镑买下了这颗钻石，将其命名为皮特钻石（Pitt Diamond），并送往伦敦切磨。据说，当时切磨费用就高达 5000 英镑。1703 年，皮特钻石又被重新切割为 140.5 克拉。由于钻石价格昂贵，欧洲许多王室闻之却步。

直到法国国王路易十四死后，他 5 岁的曾孙路易十五登上王位，奥尔良公爵菲利普二世

（Philippe Ⅱ，Duke of Orléans，1674—1723，图 1-27）任摄政王。为显示自己的权势，他以 13.5 万英镑买下了这颗钻石，并命名为摄政王钻石（Regent Diamond）。钻石现存放于法国巴黎卢浮宫（Louvre Museum）。

六、沙赫钻石

沙赫钻石（Shah Diamond）是世界上唯一一颗刻字的大钻石（图 1-28），发现于印度戈尔康达地区。起初，它被送进了印度一位邦主阿麦德那革的宫殿，宝石工匠用尖尖的细棍蘸取金刚石粉给这颗钻石刻上一行波斯文："布尔汗·尼查姆，沙赫第二，1000 年（公元 1591 年）"。

后来，印度北部诸邦的统治者莫卧儿大帝攻入阿麦德那革统治的邦域，夺走了包括沙赫钻石在内的大批财宝。再后来，杰汗沙赫继承了莫卧儿帝国的皇位。这位皇帝不仅是鉴赏宝石的行家，而且自己也会雕琢。于是，他亲自在这颗金刚石的另一晶面上又刻上几个字："杰汗沙赫，杰汗格沙赫之子，1051 年（公元 1641 年）"

这两次刻字后，这颗钻石就被人们称作沙赫。1739 年，波斯的纳狄尔沙赫率军入侵印度，占领了莫卧儿帝国首都德里，大肆抢劫，血腥屠杀，满载财宝后返回波斯。沙赫钻石作为战利品，落入波斯人手中。它被第 3 次刻上："统治者卡杰尔，法塔赫，阿里沙赫，1242 年（约公元 1826 年）"。

经过这几次刻字和刻槽，沙赫钻石的重量由原来的 95 克拉变成 88.7 克拉。1829 年，

图 1-28　沙赫钻石

重　　量：88.7 克拉
颜　　色：淡黄色
形　　状：Lasque 切工
原石重量：95 克拉
发 现 地：印度戈尔康达地区
发现时间：1450 年
现存放地：俄罗斯克里姆林宫

俄国驻波斯大使被人刺死，为了平息俄国沙皇的怒火，波斯王子霍斯列夫·密尔查到圣彼得堡谢罪，并将这颗饱经沧桑的沙赫钻石作为宝物送给沙皇。此后，沙赫钻石一直保存在俄罗斯。

七、光明之海 / 光明之眼

光明之海（Noor-ul-Ain，图 1-29）与前面阐述的名钻光明之山同样发现于印度戈尔康达地区。光明之海最初属于古印度南部的一个王公米尔基摩拉，后进贡给统治印度北部的莫卧儿皇帝杰汗沙赫。最初，古印度工匠将它琢磨成一粒重约 300 克拉的高玫瑰花形钻石，后经重新切磨，重量减少为 176 克拉。

1958 年，伊朗国王巴列维大婚，专门请世界著名珠宝商哈里·温斯顿制作了几件首饰，其中一件王冠正中镶嵌了一粒巨大的粉红色钻石，重约 60 克拉，便是用名钻光明之海再次切磨而成，更名为光明之眼。

图 1-29　光明之海

重　　量：60 克拉
颜　　色：粉红色
形　　状：椭圆形
原石重量：787.5 克拉
发 现 地：印度戈尔康达地区
发现时间：17 世纪初

八、南非之星

据说，这颗钻石最初是一个牧羊男孩在岸边捡到的。他找到当年最早认出尤里卡钻石的修克·凡·尼凯克（Schalk Van Niekerk）。修克看到这颗钻石惊呆了，以 500 只肥羊、10 头牛和 1 辆马车与牧童交换，并将它带到霍普敦市，以 1.12 万英镑售出。

1869 年，南非之星（The Star of South Africa）（图 1-30）在开普敦市博物馆展出，吸引了成千上万的参观者，它的发现掀起了一股淘钻热潮，吸引了世界各地的人来到南非寻找财富，使得当时南非这个摇摇欲坠的农业型国家经济复苏，跃居成为先进的

图 1-30　南非之星

重　　量：47.69 克拉
颜　　色：无色
形　　状：水滴形
原石重量：83.50 克拉
发 现 地：南非北开普省
发现时间：1869 年

工业国家。传说南非的殖民地长官曾说："各位，这颗钻石将是南非未来的基石。"

1870 年，南非之星被送往荷兰阿姆斯特丹，加工成若干颗钻石，最大的一颗重 47.69 克拉，被达德利伯爵（Earl of Dudley）以 2.5 万英镑购得，因此也称为达德利钻石（Dudley Diamond）。

九、塞拉利昂之星

相传，塞拉利昂之星（the Star of Sierra Leone，图 1-31）是在分选场由一名工程师和一名保安人员同时发现的，原石重 968.9 克拉，是迄今砂矿中发现的最大钻石。当时两位发现者都不敢相信这一块鸡蛋大的闪亮石头竟是钻石。这一天恰巧是 2 月 14 日情人节，给这块钻石更增添了几分浪漫的色彩。随后，在重重警卫护送下，钻石被运抵首都，总统亲自将其命名为塞拉利昂之星（或狮子山之星）。

原石最初被切割成重 143.2 克拉的祖母绿型钻石，而后为提高净度又被切割成 17 颗钻石，最大的一颗重 53.96 克拉，其中 13 颗为无瑕级。

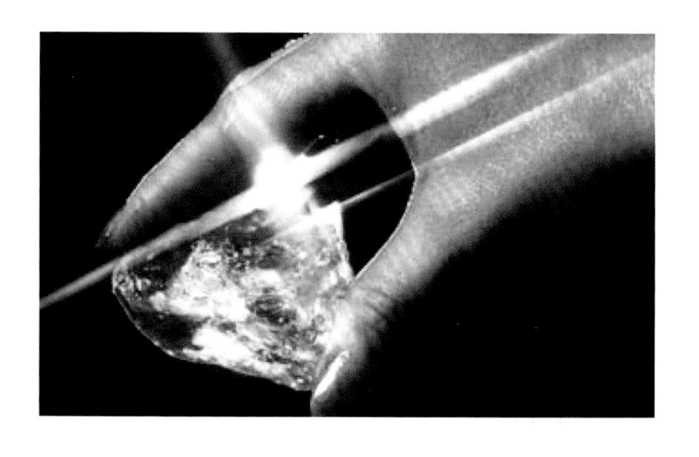

图 1-31　塞拉利昂之星

颜　　色：无色
原石重量：968.9 克拉
发 现 地：塞拉利昂国家钻石矿山
发现时间：1927 年

十、德累斯顿绿色钻石

德累斯顿绿色钻石（Dresden Green Diamond，图 1-32）重 40.71 克拉，是世界上最大的绿色钻石。

1741 年，波兰国王弗雷德里克·奥古斯特二世（Frederick Augustus Ⅱ，图 1-33）在莱比锡博览会（Leipzig Fair）上从一个德国珠宝商手中购得这颗钻石，他命工匠将这颗巨大的绿色钻石与重 49.71 克拉的德累斯顿白色钻石，共同镶嵌成一个黄金羊毛饰物，后改造为帽子装饰物。

其后，这颗钻石珍藏在德国德累斯顿国家博物馆（Dresden State Museum），第二次世界大战时被转移到了苏联，直到 1958 年才送回。2000 年，这颗世界最大的绿色钻石与世界最大的蓝色钻石霍普共同在美国国立自然历史博物馆展出。

图 1-33　弗雷德里克·奥古斯特二世

图 1-32　德累斯顿绿色钻石

重　　量：40.71 克拉
颜　　色：绿色
形　　状：近水滴形
发 现 地：印度
发现时间：早于 18 世纪，具体不详
现存放地：德国德累斯顿国家博物馆

图 1–34 手执权杖的叶卡捷琳娜二世

十一、奥尔洛夫钻石

这颗钻石最初是作为印度塞林伽神庙中婆罗门神像的眼珠，印度被波斯国王侵占后，又被装饰到波斯国王宝座上，后来钻石被盗。

1773 年，格里高利·奥尔洛夫伯爵（Grigory Grigoryevich Orlov）从阿姆斯特丹珠宝商拉萨列夫（Lasarev）手中买到这颗名钻，价格为 40 万金卢布，相当于 9 万英镑，外加每年 4000 英镑的年金，钻石由此得名为奥尔洛夫钻石（Orlov Diamond，图 1–35）。随后，伯爵将其奉献给俄国女皇叶卡捷琳娜二世（Catherine Ⅱ，图 1–34）。奥尔洛夫钻石被镶嵌在俄罗斯权杖顶端，成为俄罗斯钻石宝库中最重要的藏品之一。

图 1–35 奥尔洛夫钻石

重　　量：189.62 克拉
颜　　色：无色
形　　状：古高玫瑰花形切工
原石重量：309 克拉
发现时间：17 世纪初
发 现 地：印度戈尔康达地区
现存放地：俄罗斯克里姆林宫

十二、仙希钻石

仙希钻石（Sancy Diamond，图 1-36）来源于印度，是最大的双面对称钻石，据说最初属于法国勃艮第“大胆的查尔斯”（Charles the Bold）公爵。查尔斯去世后，他的表弟葡萄牙国王曼努埃尔一世（Manuel Ⅰ of Portugal）继承了这颗钻石。在葡萄牙受西班牙统治时期，曼努埃尔一世将其出售给法国使者哈利·仙希（Nicolas de Harley，Seigneur de Sancy）。

当时钻石在欧洲已十分流行，法国国王亨利三世因秃顶常戴帽子，便用仙希钻石装点帽子。亨利四世则借用钻石做抵押，筹措资金扩充军备。哈利因此备受器重，位居高官。他出任英国大使时，将仙希钻石卖给英国的詹姆斯一世。其后，这颗钻石一直为英国王室所有。直到 1669 年，詹姆斯二世以 2.5 万法郎将其卖给法国国王路易十四世。法国大革命时期，王室珠宝被盗，仙希钻石一度不知去向。1828 年，俄罗斯王子丹美洛（Demidoff）以 8 万法郎将其买下，1865 年又以 10 万法郎转卖给印度王子 Jamsetjee Jeejeebhoy 爵士。1867 年，仙希钻石出现在巴黎博览会上，标价已达 100 万法郎。1906 年，阿斯特子爵一世威廉·阿斯特（William Astor）购得该钻石，阿斯特家族拥有这颗钻石长达 72 年。1978 年，阿斯特子爵四世以 100 万美元将其卖给了法国卢浮宫，至今仙希钻石仍保存在那里。

图 1-36 仙希钻石

重　　量：55.23 克拉
颜　　色：淡黄色
形　　状：水滴形（双玫瑰切工）
发 现 地：印度
发现时间：早于 1570 年，具体不详
现存放地：法国巴黎卢浮宫

十三、千禧之星

千禧之星（Millennium Star，图 1-37）是戴比尔斯公司拥有的著名钻石，重达 203.04 克拉，颜色为顶级 D 色，内外部均纯洁无暇。这颗钻石 20 世纪 90 年代初在扎伊尔（现刚果民主共和国）姆布吉马伊（Mbuji-Mayi）地区的砂矿中被发现，原石重 777 克拉，后被戴比尔斯公司购买，斯坦梅茨公司（Steinmetz Group）历时 3 年设计加工，最后运用

图 1-37　千禧之星

重　　量：203.04 克拉
颜　　色：无色
形　　状：水滴形
原石重量：777 克拉
发 现 地：刚果民主共和国姆布吉马伊地区
发现时间：20 世纪 90 年代早期
现存放地：戴比尔斯公司

激光技术切割成 54 个刻面的水滴形琢型。

1999 年 10 月，作为戴比尔斯千禧钻石系列的核心珍品，千禧之星第一次展现在世人面前，安放在伦敦的千禧穹顶（Millennium Dome）里迎接新千年的到来。这颗巨钻具有非凡的重量和完美的纯净度，目前尚无估价。

十四、永恒之心

永恒之心（Heart of Eternity，图 1-38）是一颗重 27.64 克拉的钻石，颜色为稀有的艳彩蓝色，由斯坦梅茨公司切割，戴比尔斯公司购得。

戴比尔斯公司收集了 11 颗蓝色钻石，组成著名的午夜系列（Midnight Collection），共 118 克拉，永恒之心是最大的一颗。这 11 颗钻石全部产自南非普列米尔矿区，但该矿区蓝色钻石的产出总量仍不到其钻石总产量的 0.1%。

这颗钻石同时作为戴比尔斯千禧系列和午夜系列的一部分，和千禧之星等名钻一起在伦敦千禧穹顶展出。现为私人拥有，目前估价 1600 万美元。

图 1-38　永恒之心

重　　量：27.64 克拉
颜　　色：蓝色
形　　状：心形
发 现 地：南非普列米尔矿
发现时间：20 世纪 90 年代早期

第二章

Chapter 2

钻石的宝石学性质

第一节

钻石的基本性质

一、矿物名称

钻石的矿物名称为金刚石。

二、化学成分

钻石的主要化学成分为碳（C），可占整体质量的99.95%以上。另外，还可能含有氮（N）、硼（B）、氢（H）等微量元素。

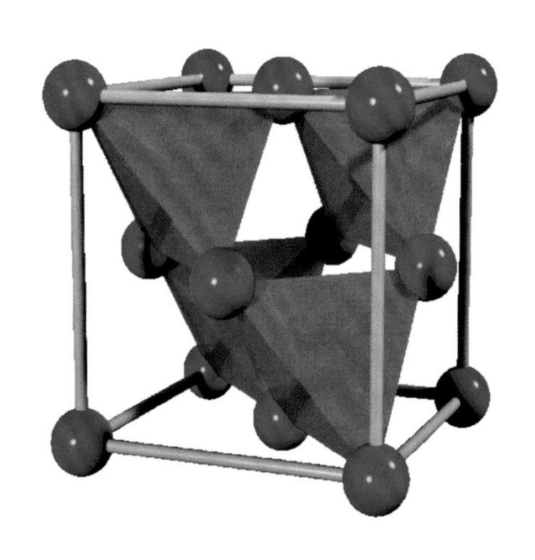

图2-1　钻石晶体结构示意图

三、晶族晶系

钻石为高级晶族，等轴晶系。

四、晶体结构

钻石具有立方面心格子，晶体内部结构以立方体为单元（称为立方晶胞，图2-1）。碳原子分布于立方晶胞的8个角顶、6个面的中心，以及晶胞所分8个小立方体中4个相间小立方体的中心。每个碳原子都以共价键与相邻的4个碳原子相连，间距0.154nm。碳原子之间有非常强的共价键，使其具有极高的硬度。

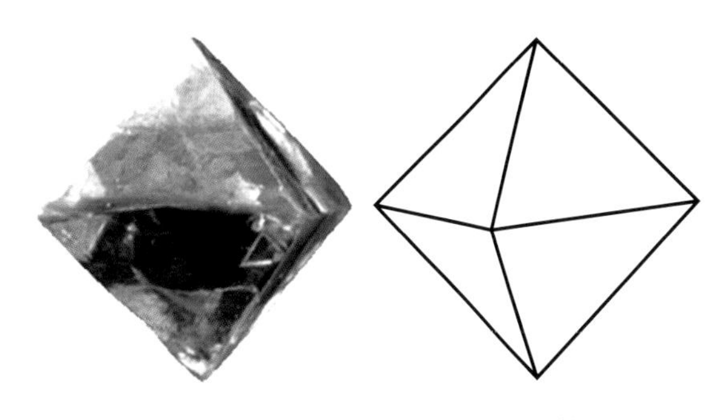

图2-2　八面体单形的钻石晶体

五、晶体形态

钻石单晶体的理想形态是呈等轴晶系中最高对称型的各种单形，如八面体（图2-2）、菱形十二面体（图2-3）和立方体（图2-4）等，其中以八面体最常见。有时，钻石也发育成为更复杂的聚形，如立方体与八面体的聚形、立方体与菱形十二面体的聚形等。

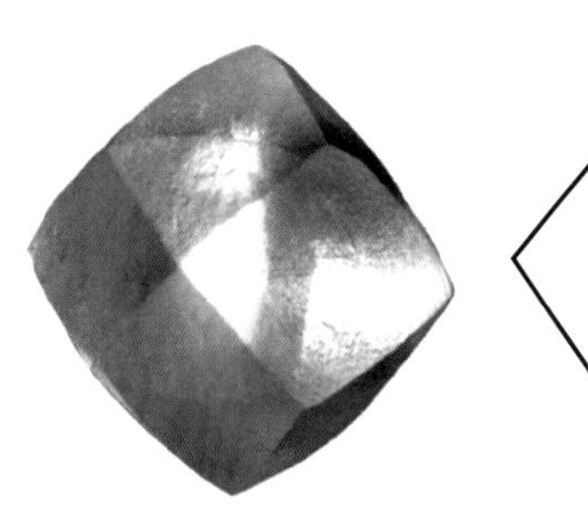

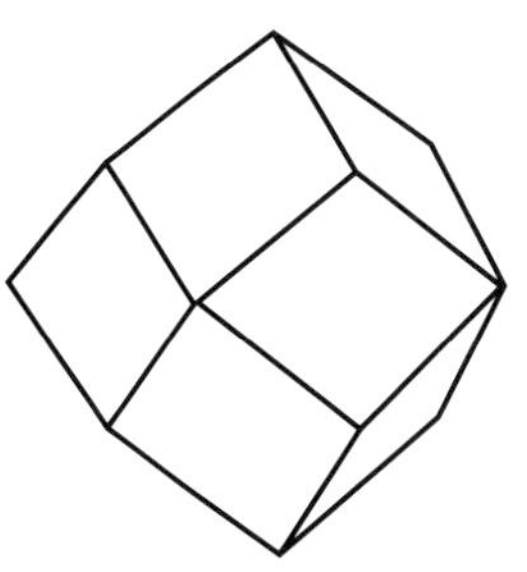

图2-3　菱形十二面体单形的钻石晶体

自然界产出的钻石，晶棱、晶面、角顶常被岩浆熔蚀呈浑圆状。例如世界著名的浑圆状八面体钻石——奥本海默钻石（Oppenheimer Diamond，图2-5），是一颗黄色钻石晶体，重达253.7克拉，50.74g，高约3.8cm，是世界上最大的未切割钻石。1964年发现于南非杜托伊斯宾矿（Dutoitspan Mine），以原戴比尔斯钻石矿业公司主席厄内斯特·奥本海默爵士命名，由哈里·温斯顿捐献给美国史密森学会。

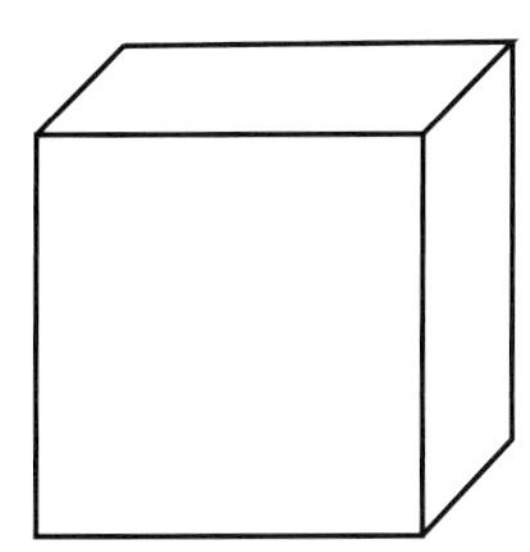

图2-4　立方体单形的钻石晶体

（左图修改自：Rob Lavinsky，iRocks.com，Wikimedia Commons，CC BY-SA 3.0许可协议）

六、双晶

钻石在生长过程中受应力作用或温度变化等外部因素的影响，会发

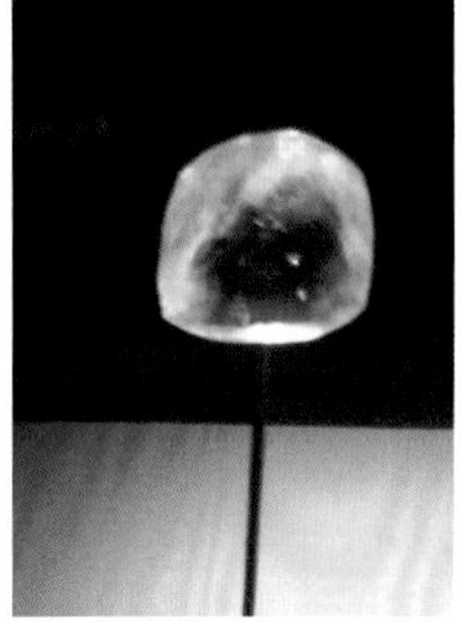

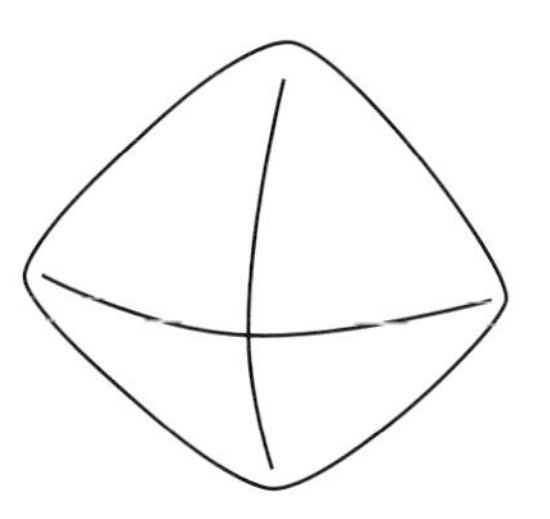

（a）奥本海默钻石晶体　（b）浑圆状钻石晶体示意图

图2-5　浑圆状的钻石晶体

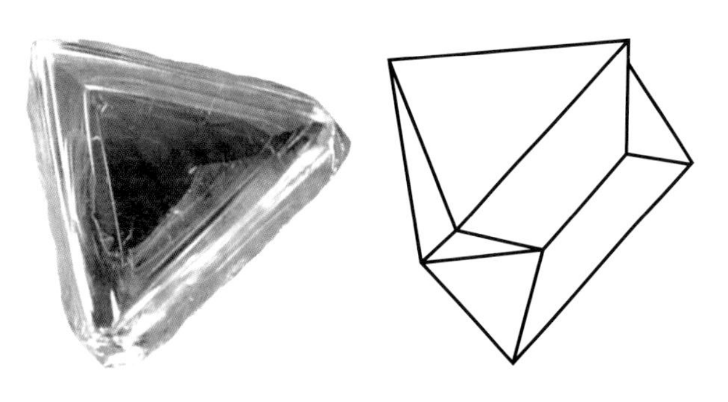

图 2-6　钻石的接触双晶

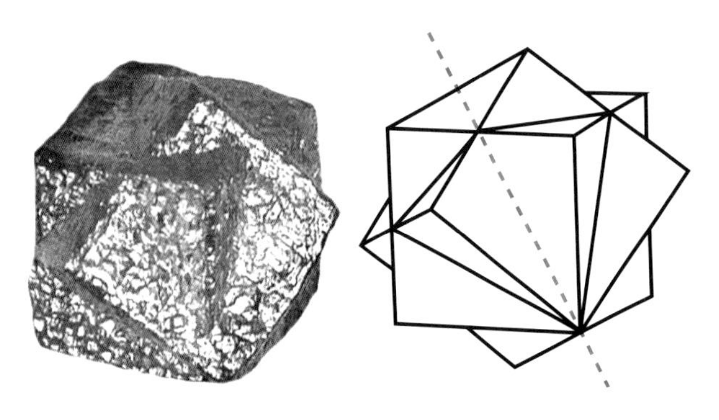

图 2-7　钻石的穿插双晶

（左图修改自：Rob Lavinsky，iRocks.com，Wikimedia Commons，CC BY-SA 3.0 许可协议）

育成为两个或更多个呈对称生长的晶体单体，即双晶。其中，最常见的是三角薄片形双晶，为接触双晶，由两个八面体晶体沿（111）面相互接触生长而成（图 2-6），商业上称为“Macle”。钻石也会出现穿插双晶，由两个立方体晶体相互贯穿生长而成（图 2-7）。

七、晶体表面特征

（一）生长纹

钻石晶体在生长过程中，碳原子逐层堆积，晶体按层生长，在晶面上留下一系列阶梯状的纹理。生长纹（Growth Striation）通常位于八面体晶面上，呈三角形纹饰（图 2-8），不同的晶面上呈现不同的形状。

（二）生长丘

生长丘（Growth Hillock）是在钻石生长过程中，碳原子沿晶面上局部的晶格缺陷堆积生长形成的三角形小突起。

图 2-8　钻石原石晶体表面阶梯状三角形生长纹

（图片来源：Rob Lavinsky，iRocks.com，Wikimedia Commons，CC BY-SA 3.0 许可协议）

图 2-9　八面体晶面上三角形蚀象

（图片来源：Roland Schluessel，Pillar & Stone International）

（三）蚀象

蚀象是在钻石晶体形成后，经溶蚀作用在晶面上留下特定形态的凹坑。如八面体晶面上可见倒三角形蚀象（Trigons，图 2–9），立方体晶面上可见四边形蚀象。

八、钻石与石墨

同样由碳元素组成，钻石（图 2–10）与石墨（图 2–11）的外观和性质却截然不同。这是由于晶体结构上的差异导致的（表 2–1），矿物学上将这种现象称为同质多象。

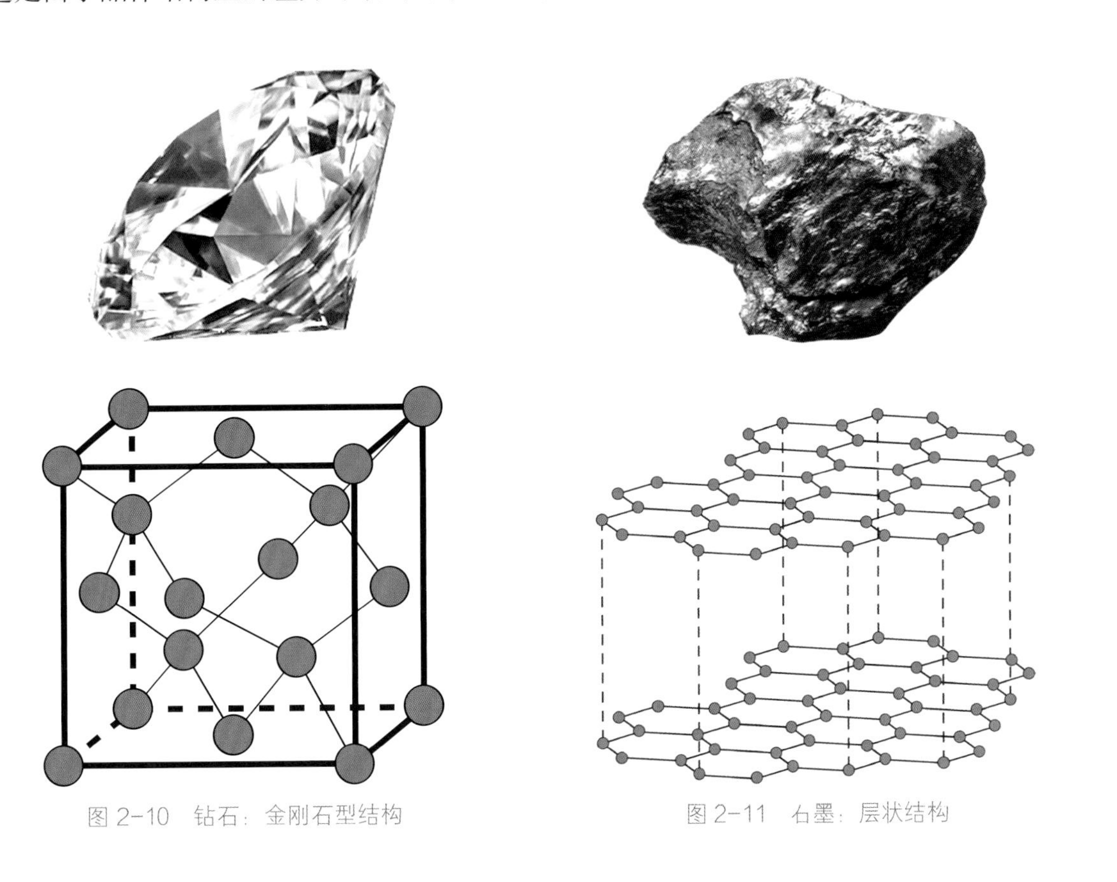

图 2–10　钻石：金刚石型结构　　图 2–11　石墨：层状结构

表2–1　钻石与石墨的内部晶体结构对比

同质多象变体	钻　石	石　墨
内部晶体结构	每个碳原子与周围的4个碳原子以共价键相连，形成一个正四面体。碳原子周围的4个电子均参与成键，结构内无自由电子。 碳原子间强而有力的共价键和稳定的四面体结构，使钻石具有高硬度、高熔点、化学性质非常稳定等特征	碳原子以六方环的形式成层状排列。层间以键能极弱的分子键相连。每个碳原子均有一个未成键的电子，这些自由电子在层内自由移动。 由于层间键能弱于层内键能，石墨硬度低，具有润滑性。自由电子的存在使其具有导电性，并吸收光呈现黑色

第二节

钻石的类型

钻石中除了碳元素外，还可含有各种微量元素，如氮、硼、氢等。这些微量元素的存在，对钻石的颜色及其他物理性质有不同程度的影响。其中，最常见的是氮元素。根据其含量及存在形式的不同，可将钻石分为两大类型：Ⅰ型钻石和Ⅱ型钻石（表 2–2）。

表2–2 钻石的类型

类型	Ⅰ型含氮		Ⅱ型不含氮	
	Ⅰa型	Ⅰb型	Ⅱa型	Ⅱb型
微量元素	氮以聚合氮（如N3）形式存在	氮以孤立氮原子的形式存在	不含明显的微量元素	硼以孤立硼原子的形式存在
颜色特征	无色—黄色	无色—黄色棕色	无色—棕色粉红色	蓝色
产出特征	天然钻石一般属此类型	少量天然钻石，几乎所有高温高压法合成钻石	天然极稀少，大部分CVD法合成钻石	天然极稀少

一、Ⅰ型钻石

含氮元素的钻石。按氮原子存在方式的不同，分为Ⅰa 型和Ⅰb 型。

（一）Ⅰa 型钻石

钻石中氮原子以聚合氮的形式取代晶格中碳原子的位置（图 2-12），产生一种杂质色心，吸收了可见光谱中波长较短的蓝紫区的光波，使钻石呈现或多或少的黄色调。

这一类型的钻石在自然界中最为常见，天然钻石中 98% 属此类型，因早期多产自非洲开普（Cape）矿，也称为开普系列钻石。

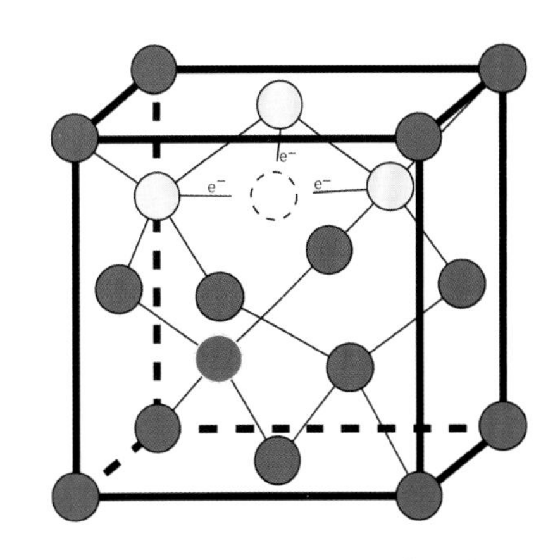

图 2-12　Ⅰa 型钻石常见结构示意图

（二）Ⅰb 型钻石

氮原子以单个原子的形式，替代晶格中碳原子的位置（图 2-13），键合过程中产生的剩余电子，导致了对蓝色光的吸收，产生黄色。

此类钻石中氮浓度越大，黄色越明显，可以呈现比Ⅰa 型钻石更加鲜艳的金丝雀（Canary）黄色。

Ⅰb 型钻石约占天然钻石的 0.1%，而高温高压法（HPHT）合成钻石多属此类型。

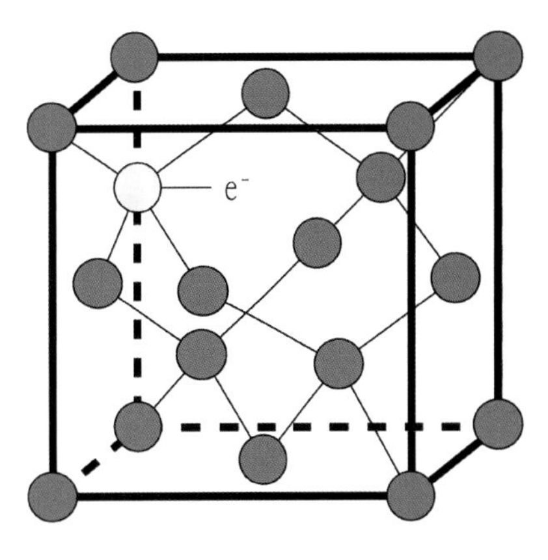

图 2-13　Ⅰb 型钻石结构示意图

二、Ⅱ型钻石

Ⅱ型钻石中无明显的氮元素存在。根据是否含硼，分为Ⅱa 型和Ⅱb 型。

（一）Ⅱa 型钻石

此类钻石几乎不含氮元素（图 2-14），纯净的Ⅱa 型钻石呈无色（图 2-15）。无色钻

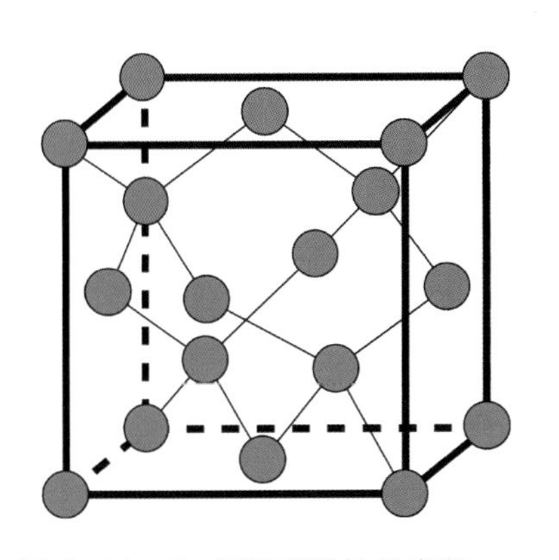

图 2-14　Ⅱa 型钻石结构示意图

图 2-15　世界名钻塞拉利昂之星，属于Ⅱa 型无色钻石

石的呈色机理可以用能带理论来解释。纯碳钻石晶体中，碳原子以共价键连接另外 4 个碳原子，带隙能约为 5.48eV。可见光能量为 1.6 ~ 3.1eV，不足以激发价带中的电子，不吸收光波，因此钻石呈无色透明。

当内部结构存在缺陷时，可呈粉色、褐色等。化学气相沉积法（CVD）合成钻石多为Ⅱa 型，也有Ⅰb 型、Ⅱb 型。

（二）Ⅱb 型钻石

硼原子以单个原子的形式替代晶格中碳原子的位置（图 2-16），由于硼原子比碳原子少一个电子，导致对可见光谱中波长较长的红色光的吸收，故钻石呈蓝色（图 2-17）。这类钻石也因含硼而具有导电性。

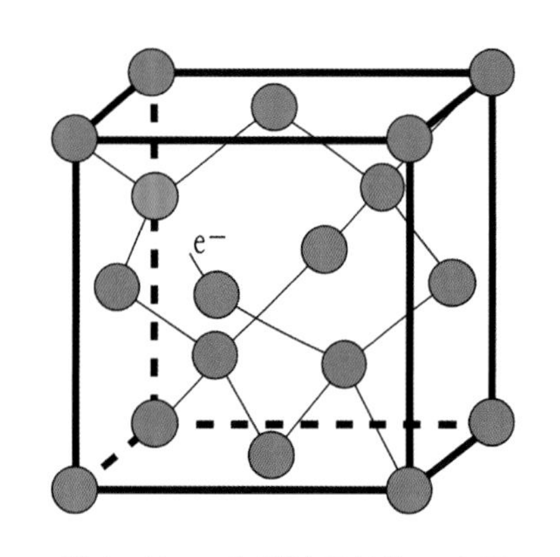

图 2-16　Ⅱb 型钻石结构示意图

图 2-17　世界名钻霍普，属于Ⅱb 型蓝色钻石

第三节

钻石的物理化学性质

一、光学性质

（一）颜色

钻石的颜色丰富多彩，可分为两大系列：无色至浅黄（褐、灰）系列和彩色系列。

1. 无色至浅黄（褐、灰）系列

无色至浅黄（褐、灰）系列（Colorless）包括无色、淡黄、浅黄、浅褐、浅灰。

这一系列钻石（图 2-18）是目前市场上最常见的，主要是Ⅰa 型钻石（开普系列钻石），也包括无色的Ⅱa 型钻石。

图 2-18　雷迪恩型无色钻石

2. 彩色系列

彩色系列（Fancy Color）包括黄色、褐色、灰色、黑色以及由浅至深的蓝色、绿色、橙色、粉红色、红色、紫红色。

图 2-19 彩色系列钻石
（图片来源：Photo by Robert Weldon Courtesy Alan Bronstein / Aurora Gems New York）

彩色钻石（图 2-19）在自然界中极为稀少，逐渐成为投资收藏的热点，尤其是颜色鲜艳的彩色钻石，更是价值连城。其中以红色钻石最为罕见，绿色、蓝色、粉色钻石也较稀有，市场上较常见的彩钻为黄色。

（1）红色钻石

红色钻石（图 2-20）极其罕见，其颜色主要与塑性变形及氮元素有关。

图 2-21 的钻石戒指，其中央为略带紫色调的红色钻石，八角形切工，重 2.26 克拉，净度为 SI_2；周围由心形钻石组成花瓣状，18K 金镶嵌。该钻石拍卖成交价 2646000 美元（佳士得（日内瓦）有限公司，2007 年）。

图 2-20 红色钻石
（图片来源：Photo by Robert Weldon Courtesy Alan Bronstein / Aurora Gems New York）

图 2-21 红色钻石戒指

（2）绿色钻石

图 2-22　绿色钻石
（图片来源：Photo by Robert Weldon Courtesy Alan Bronstein / Aurora Gems New York）

钻石中 N3 色心吸收短波可见光，GR1 色心吸收长波可见光，使中波的绿色可见光成为主色。天然绿色钻石（图 2-22）的颜色主要由自然辐照产生。通过人工辐照处理，也可使黄色钻石变为绿色。两者颜色成因相同，均为 N3 与 GR1 色心致色，很难区分。

图 2-23 为绿色钻石戒指，鲜艳的绿色钻石为垫型切工，重 2.52 克拉，爪镶，拍卖成交价为 3059499 美元（日内瓦苏富比拍卖公司，2009 年）。

图 2-23　绿色钻石戒指

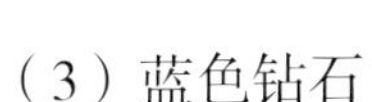
（3）蓝色钻石

天然蓝色钻石（图 2-24）十分稀有。其颜色主要因含硼所致，也因硼元素的存在，蓝色钻石具有一定的导电性。研究结果表明，也有少量蓝色钻石是由氢致色，不具导电性。

图 2-24　蓝色钻石
（图片来源：Photo by Robert Weldon Courtesy Alan Bronstein / Aurora Gems New York）

图 2-25　戴比尔斯千禧蓝钻戒指

图 2-25 为戴比尔斯千禧蓝钻戒指，戒指中央为稀有的鲜艳蓝色钻石，重 5.16 克拉，侧面为盾形无色钻石，铂金镶嵌，拍卖成交价为 49940000 港元（香港苏富比拍卖公司，2010）。

（4）粉色钻石

天然粉色钻石（图 2-26）产量也并不大，多产自澳大利亚。粉红色钻石的颜色主要由晶体结构的塑性变形所致。

（图 2-27）为粉色钻石戒指，中央钻石为Ⅱa 型天然粉钻，颜色鲜艳，祖母绿型花式琢型，14.84mm × 12.06mm × 6.96mm，重 10.99 克拉，净度为 VS_1，铂金镶嵌，拍卖成交价为 10895189 美元（日内瓦苏富比拍卖公司，2011 年）。

（5）黄色钻石

体色中带黄色调的钻石在自然界中最为常见。当黄色的饱和度大于 Z 色比色石（参见本书第四章）时，可归为彩色钻石（图 2-28）。黄色钻石最好的颜色称为金丝雀黄。

图 2-26　粉色钻石
（图片来源：Photo by Robert Weldon Courtesy Alan Bronstein / Aurora Gems New York）

图 2-27　粉色钻石戒指

图 2-28　黄色钻石
（图片来源：Photo by Robert Weldon Courtesy Alan Bronstein / Aurora Gems New York）

图 2-29　太阳之泪

图 2-30　橙色钻石
（图片来源：Photo by Robert Weldon Courtesy Alan Bronstein / Aurora Gems New York）

著名天然黄钻“太阳之泪”（The Sun-Drop Diamond）（图 2-29），呈鲜艳黄色，水滴形明亮型花式琢型，38.52mm × 25.21mm × 16.33mm，重 110.03 克拉，净度为 VVS_1，拍卖成交价 12271186 美元（日内瓦苏富比拍卖公司，2011 年）。

（6）橙色钻石

天然橙色钻石（图 2-30）较罕见，且大多带褐色调。橙色钻石的研究较少。目前认为，大多数橙色钻石的致色原因是天然结构缺陷造成蓝绿区 480nm 吸收或含有高浓度孤立的氮。

（7）褐色钻石

天然褐色钻石（图 2-31）产量较大，大多由晶体结构的塑性变形所致。高温高压处理可以修复塑性变形，削弱褐色。

（8）黑色钻石

天然黑色钻石（图 2-32）与其他彩色钻石相比，价格不高，近年才逐渐被人们接

图 2-31　褐色钻石
（图片来源：Photo by Yan Liu / Courtesy Liu Research Laboratories，LLC）

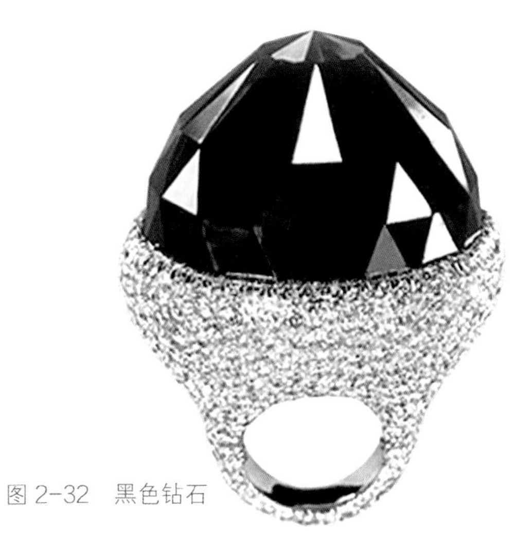

图 2-32　黑色钻石

受。多数黑色钻石是由内部含有大量石墨或其他暗色矿物（如磁铁矿等）所致。

（二）光泽

光泽指宝石表面的反光能力。钻石具有特征的金刚光泽，在天然无色透明宝石中光泽极强。

（三）透明度

纯净的钻石是透明的，当内部存在杂质矿物或裂隙时，也会呈半透明或不透明。

（四）折射率

钻石的折射率为 2.417。

钻石是天然无色透明宝石中折射率极高的矿物，因此，其反射率也极高。折射率越大，临界角越小，全反射的范围越宽，光越容易发生全反射，而且反射的光亮越多。

光泽与折射率、反射率和吸收系数有关，宝石的反射率和折射率越大，光泽越强。所以，切工精良的钻石内部可产生全反射，还能见到极强的光泽。

（五）色散值

钻石的色散值为 0.044。

钻石的色散值极高，因此在光的照射下，可以看到从钻石的内部折射、分解出七彩光（图 2–33），这些彩光被称为钻石的火彩（Fire）（图 2–34）。

图 2–33　钻石强色散示意图

图 2–34　钻石具有很强的火彩（卡地亚钻石胸针）

（六）吸收光谱

钻石可见 415nm、453nm、478nm、594nm 吸收线。不同类型、不同颜色的钻石吸收光谱有差异，如 Ia 型钻石，在紫区可见特征的 415nm 吸收线（图 2–35）；绿色及褐色钻石，在绿区 504nm 可见吸收窄带。

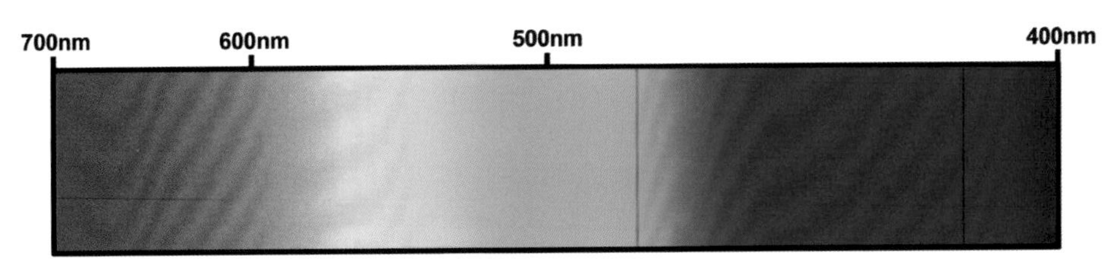

图 2-35 Ⅰa 型钻石在紫区 415nm 处有一特征吸收谱带

（七）紫外荧光

钻石的紫外荧光由无至强，荧光的颜色可呈蓝色、黄色、橙黄色、粉色、黄绿色等。通常长波下的荧光强度强于短波。有些钻石可见磷光。

著名的和平的北极光蝴蝶（Aurora Butterfly of Peace）由 240 颗各式琢型的天然彩色钻石组成［图 2-36（a）］，总重 166.94 克拉，在紫外荧光灯下，钻石呈现不同颜色的荧光［图 2-36（b）］。

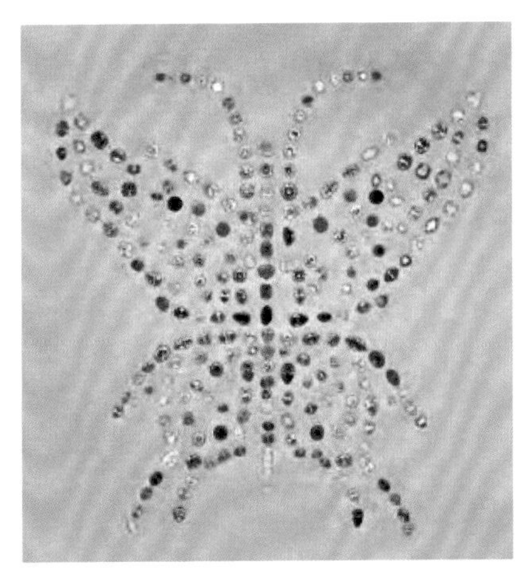

（a）自然光下的钻石

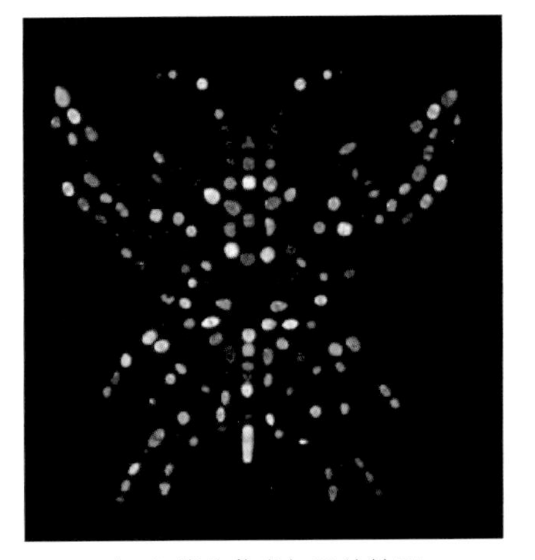

（b）紫外荧光灯下的钻石

图 2-36 和平的北极光蝴蝶

（图片来源：Photo by Robert Weldon Courtesy Alan Bronstein / Aurora Gems New York）

钻石的荧光，对于鉴别钻石和仿制品，特别是群镶的钻石饰品，是非常有效的。一件镶有许多“钻石”的首饰，如果全部“钻石”都发出相同程度的荧光，或一律不发光，则极有可能是仿制品。

二、力学性质

（一）硬度

钻石是世界上最坚硬的天然矿物。其摩氏硬度 H_M（刻划硬度）为 10；维氏硬度 H_V

（压入硬度）为 10060kg/mm^2，约是刚玉（摩氏硬度 9，维氏硬度 2060 kg/mm^2）的 5 倍。

由于钻石硬度远大于空气中的尘埃（尘埃的成分以石英为主，摩氏硬度约为 7），成品钻石即使佩戴很长时间，光泽依然如新。而玻璃等硬度较小的仿制品，则易受摩擦，久而久之棱角磨损，刻面磨毛，光泽变弱。

钻石还具有差异硬度的性质，即硬度在不同方向上存在差异（图 2-37）。一般立方体面上对角方向的硬度最大，其次是八面体面上的所有方向，立方体面上与轴平行的方向硬度较弱，横穿十二面体面的方向硬度最小。

钻石的切磨正是利用这种差异硬度，即用钻石较硬的面切磨较软的面。正因为如此，存放钻石时要避免多颗混放，以免相互磨损。

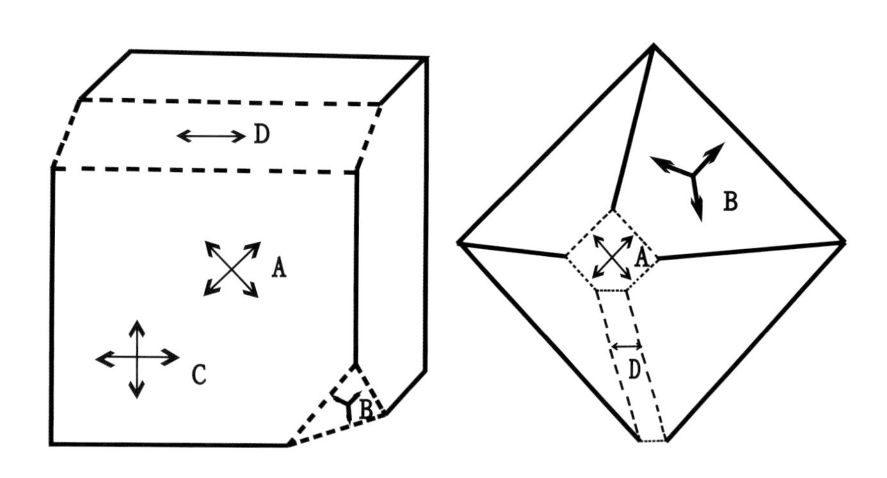

A 最硬方向：立方体面上的对角方向　　B 硬的方向：八面体面上所有方向
C 软的方向：立方体面上与轴平行的方向　　D 最软方向：横穿十二面体面方向

图 2-37　钻石的差异硬度示意图

（二）密度

钻石的密度为 3.52（±0.01）g/cm^3。

钻石的晶体结构非常紧密，其密度比其他宝石大得多。钻石的组成成分单一，密度较稳定，在与相似宝石及仿制品的鉴别中，可作为重要的鉴别参数。此外，钻石的密度比一般砂石（密度为 2.60 ~ 2.70g/cm^3）大。因此，在钻石开采的过程中，采用淘洗法可以将钻石分选出来。

（三）解理

在平行八面体面方向上，钻石有 4 组中等解理（图 2-38）。

在外力作用下，钻石容易沿八面体面的方向裂开。钻石加工的过程中，工匠就是沿

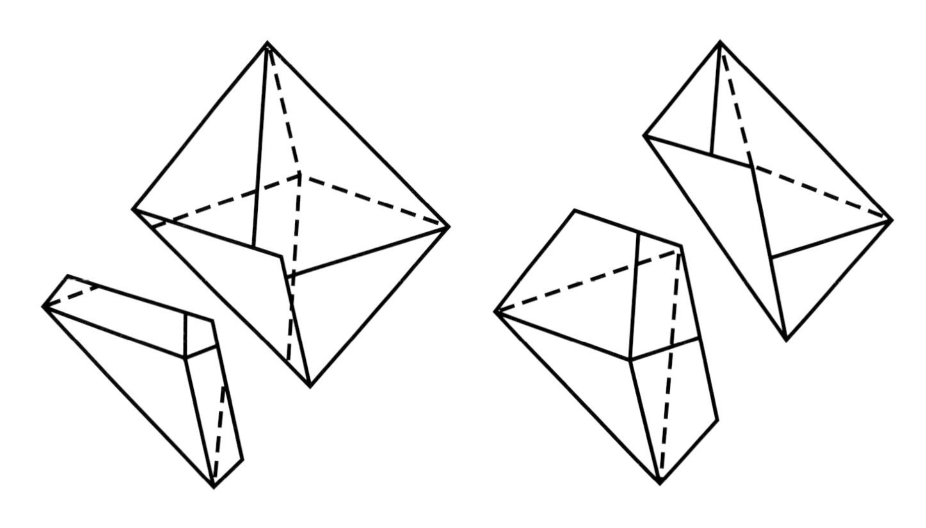

图 2-38　钻石的八面体解理示意图

解理面将钻石原料劈开（劈钻），与锯钻相比，劈钻可以节省大量时间。

放大观察时，通常可以看到钻石内部的初始解理，如在成品钻石中的须状腰、V 形缺口等。这些现象既是鉴别钻石与仿制品的特征，也是影响钻石净度级别的重要因素。

（四）脆性

尽管钻石极其坚硬，但由于解理的存在，也具有一定的脆性，在剧烈的碰撞下会碎裂，甚至破碎。因此，佩戴钻石饰品时应避免磕碰。

三、热学性质

（一）导热性

钻石是天然宝石中导热性最强的，其热导率室温下可达 2009 W/（m·℃），约为银的 5 倍。根据钻石的这种特性设计的热导仪，可以有效地鉴别钻石和仿制品（除合成碳硅石外）。

（二）热膨胀性

钻石的热膨胀系数低，温度的变化对其体积影响不大。而钻石内部的矿物包体受热则膨胀，可使钻石破裂。钻石的新型“KM”激光钻孔净度处理就是利用这一原理。

（三）可燃性

钻石在真空中加热到 1800℃以上将缓慢转变为石墨；在氧气中加热到 650℃可燃烧生成二氧化碳气体。钻石在加工和净度处理中采用的激光切割和激光打孔技术，便是利用钻石的可燃性与低热膨胀性。

四、电学性质

绝大多数钻石是良好的绝缘体，且越纯净，绝缘性越好。其中，Ⅱa 型钻石绝缘性最好。Ⅱb 型蓝色钻石因含有杂质元素硼，具有导电性，是优质的高温半导体材料，可作为电子元件在精密仪器上应用。另外，含有大量石墨或磁铁矿包体的钻石也具有导电性。

五、化学性质

钻石的化学性质非常稳定，具有极强的抗酸碱腐蚀性，王水对它也不起作用。因此，可使用硫酸清洗钻石。但热的氧化剂，如 500℃以上的硝酸钾溶液，可以腐蚀钻石。

六、特殊性质

（一）亲油性

对油脂具有亲和性，是钻石的一个独特性质。在钻石开采和选矿过程中，利用涂满油脂的传送带，能将钻石从母岩碎粒中分选出来。

（二）疏水性

钻石不易被水浸润，水在其表面呈水珠状不易散开，即托水性。而在一般宝石表面，水滴会形成均匀的水膜。鉴定钻石时，可以利用这个性质区分钻石及其仿制品。

第三章

Chapter 3

钻石的鉴定

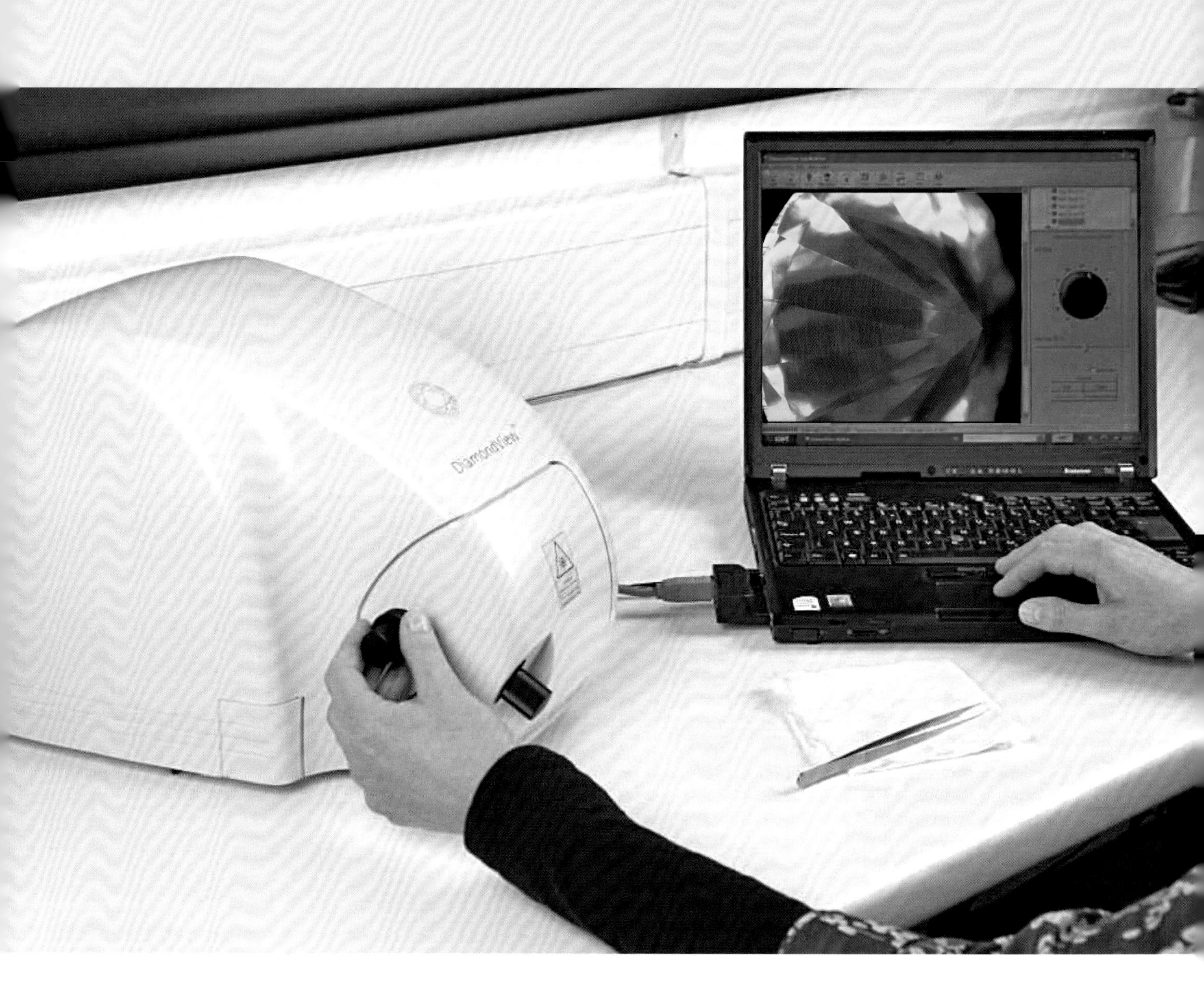

第一节

钻石的鉴定特征

图 3-1 钻石具有很强的火彩

一、外观特征

钻石具有的高折射率和高反射率，使其具有典型的金刚光泽。钻石的色散值高达 0.044，白光射入刻面钻石后，经折射、透射和全反射，呈现出一种以橙色、蓝色调为主的特殊火彩，尤其是切工完美的钻石，能更好地展现其火彩（图 3-1）。

钻石是世界上最坚硬的天然矿物，硬度极高，耐久性强，表面不易磨损，切工完美的钻石具有面平、棱直、角尖锐的外观特征（图 3-2）。

标准圆钻型钻石腰部一般粗磨，不抛光，呈砂糖状（图 3-3），有时可见三角形、阶梯状生长纹或原始晶面等（图 3-5），还会出现须状腰、V 形缺口等特征（图 3-4）。

图 3-2　钻石具有面平、棱直、角尖锐的外观特征

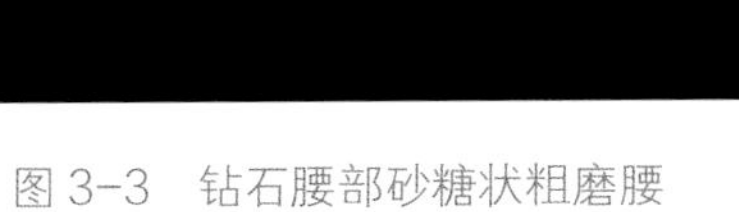

图 3-3　钻石腰部砂糖状粗磨腰

图 3-4　钻石腰部 V 形缺口

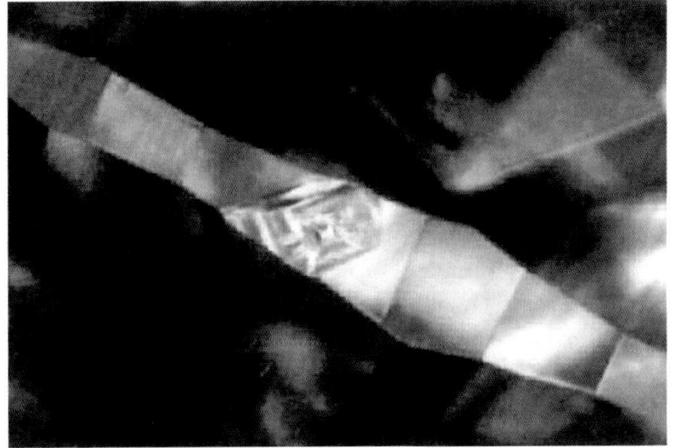

图 3-5　钻石腰部原始晶面

二、内部包裹体特征

绝大多数天然钻石在形成的过程中，会含有杂质元素，或存在晶格缺陷，使钻石呈现不同颜色。不仅如此，天然钻石内部还可以包裹更多的矿物或具有其他结构特征。这些特征使天然钻石的品质受到了影响。但是，这些包裹体或内部特征却成为自然赋予天然钻石的独特印记，是研究地球深部环境的珍贵科学标本，深受宝石学家和地质学家钟爱。

钻石中可包含颜色多样、形态各异的矿物包裹体（图 3-6 ~ 图 3-13）。如黑色的石墨，红色的石榴石、尖晶石，绿色的铬透辉石、橄榄石，蓝色的蓝晶石，以及无色的钻石、锆石、柯石英等。

（a）

（b） （c）

图 3-6 钻石中的镁铝榴石包裹体及其周围环绕的应力裂隙

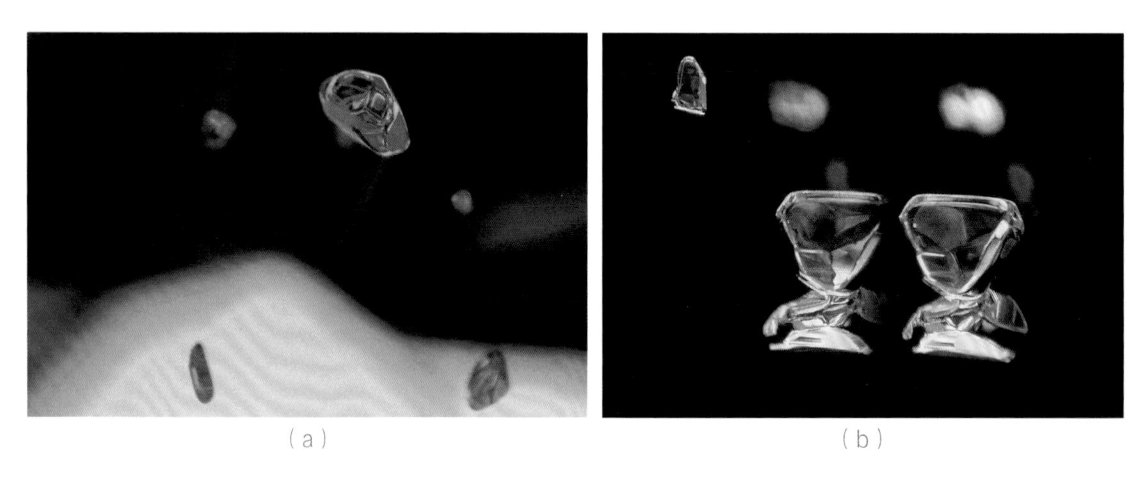
（a） （b）

图 3-7 钻石中的橄榄石包裹体（a）及其反射形成的两个影像（b）

图 3-8　钻石中的石墨包裹体

图 3-9　钻石中包裹的钻石晶体

（a）　（b）

（c）　（d）

图 3-10　钻石中包裹的钻石八面体晶体

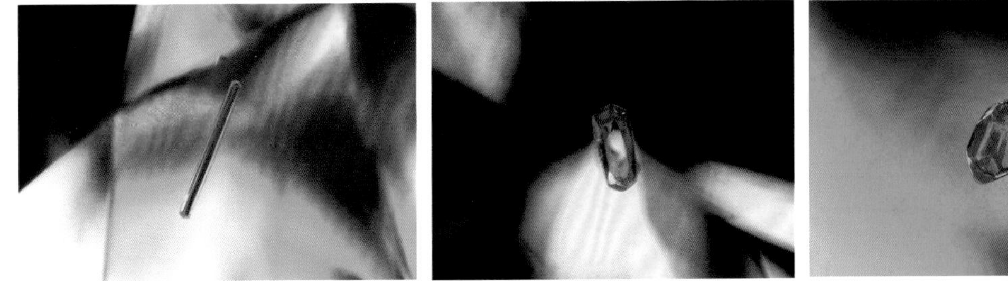

图 3-11　钻石中的长针状包裹体

图 3-12　钻石中包裹的四方柱状包裹体

图 3-13　钻石中的矿物包裹体

（图片来源：Roland Schluessel，Pillar & Stone International）

除矿物包裹体外，天然钻石中还可能具有生长纹、双晶纹、幻晶及初始解理等内部特征（图 3-14 ~ 图 3-17）。这些内部特征可以作为鉴定天然钻石的依据。

图 3-14　钻石内部的初始解理

图 3-15　钻石内部可见幻晶

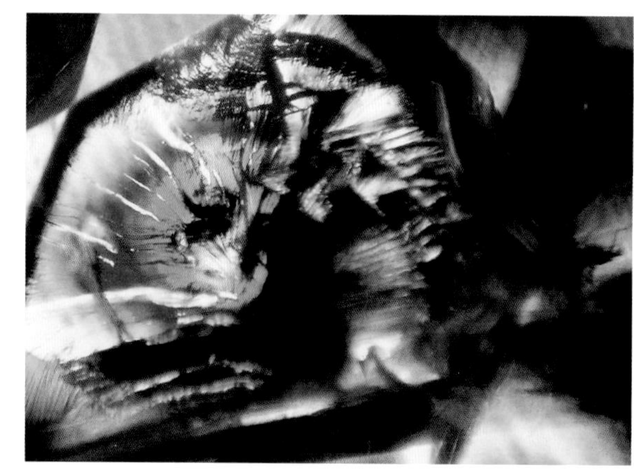

图 3-16　钻石内部的部分愈合裂隙

图 3-17　钻石内部的橙棕色纹理，呈“榻榻米”效应

（图片来源：Roland Schluessel，Pillar & Stone International）

三、热导仪、电导仪检测

钻石具有超过银和铜等众多金属的很高的导热性，因此利用热导仪可以快速区分除合成碳硅石外的所有仿钻（图 3-18）。而后利用电导仪可区分钻石与合成碳硅石。钻石和几种常见材料的热导率如表（3-1）所示。

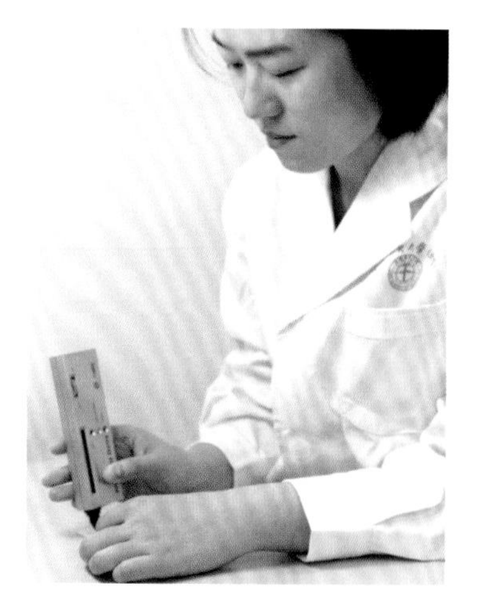

图 3-18　利用热导仪检测钻石

表3-1 几种材料的热导率（室温）

材料名称		热导率［W/（m·℃）］
钻石		669.89~2009.66
银（100%）		418.68
铜		388.12
金（100%）		296.01
铝		203.06
铂		69.50
刚玉	Z轴	34.92
	X轴	32.32
尖晶石		9.50
绿柱石	Z轴	5.48
	X轴	4.35

四、其他辅助性试验

（一）线条试验

线条试验是指将钻石台面向下放在一张有线条的纸上，透过钻石从上面看纸上的线条。一般情况下，钻石切工使得所有从冠部射入钻石内部的光线，通过折射与内反射，再从冠部射出，几乎没有光线能从亭部刻面射出，因此切工精良的钻石看不到纸上线条，而仿钻则可看到（图 3-19）。

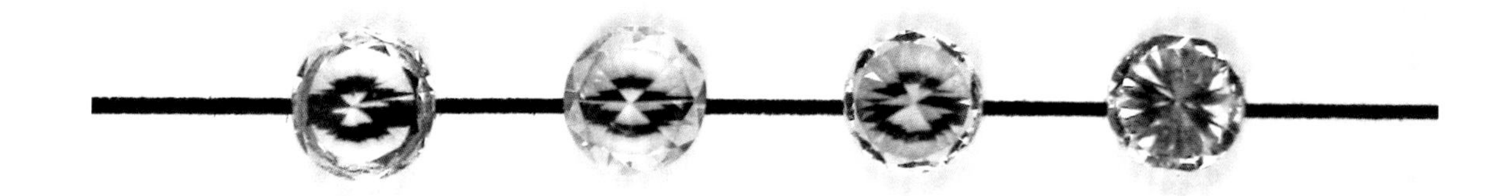

图 3-19　由左至右依次为托帕石、蓝宝石、合成立方氧化锆、钻石

（二）亲油性试验

钻石具有较强的亲油性，用油性笔在钻石表面可以划出清晰连续的线条。

（三）疏水性试验

钻石对水具有排斥性，将小水滴点在清洁的钻石台面上，如果水滴能在表面保持很长时间（俗称托水性，图 3-20），则说明可能是钻石。

图 3-20　钻石具有明显的托水性

第二节

钻石的优化处理及其鉴别

钻石的优化处理是指利用各种物理方法改变有瑕疵的天然钻石的颜色和净度，以提高其商业价值。目前，钻石的优化处理方法主要是通过充填处理、激光钻孔处理改善净度，通过覆膜处理、辐照处理和高温高压处理改善颜色。

一、充填处理

充填处理（Fracture Filling）通常是在钻石的裂隙中充填透明材料，如充填具有高折射率的铅玻璃等，以提高钻石的净度。鉴定可通过肉眼及放大观察进行，若充填物带黄色调会影响钻石的颜色。放大观察可见充填裂隙面的闪光效应（图 3-21），在亮域下闪光常呈蓝至蓝绿色，以及绿色至黄色，暗域下常呈黄橙色或紫色至紫红色、粉色。而且在充填区域通常可见残留气泡、流动构造，或白色云雾状充填物。气泡可呈较小亮点或整体呈指纹状。充填物过厚可出现絮状结构，或演变为网状结构。不完全充填的裂隙在暗域下呈细白划痕或条带状，可能是因钻石蒸

图 3-21　充填钻石内部可见充填裂隙面的闪光效应，暗域呈紫红色

洗时部分充填物被去除引起。

除上述镜下鉴定特征，实验室里还可使用 X 射线照相（X-radiograph）、X 射线荧光能谱仪（EDXRF）、扫描电子显微镜（SEM）等进行检测。

在放大镜下鉴定特征不明显时，X 射线照相可以有效地检测出充填钻石及其充填程度。钻石在 X 射线下透明，含有铅（Pb）等重元素的充填物在 X 射线下几乎不透明，在照片中呈现白色轮廓。当裂隙面与 X 光片基本垂直时，充填物对 X 射线吸收最大，充填区域最明显。使用 X 射线照相鉴定时，应与其他鉴定依据结合使用。因为除充填物外，一些罕见的矿物包裹体如黄铁矿等，也会在 X 射线照相中显示不透明的白色影像。

X 射线荧光能谱仪可用于检测充填物的化学成分，包括微量元素（尤其是铅）。扫描电子显微镜可获得裂隙充填表面的直观表示，和近表层化学元素的空间分布图，充填物所含元素的原子序数越大，显示的黑白图像越鲜明。

二、激光钻孔

激光钻孔（Laser Drilling）是去除钻石杂质常用的方法。传统方法是用激光钻孔至钻石内部的暗色包裹体（图 3-22）。新型“KM”激光钻孔处理方法（图 3-23）则使用激光加热靠近表面的包裹体，使之膨胀并产生延伸到表面的裂缝，随后用酸清洗去除钻石中的杂质。传统激光钻孔会在钻石内部留下直线状的激光孔道，表面留有圆形开口（图

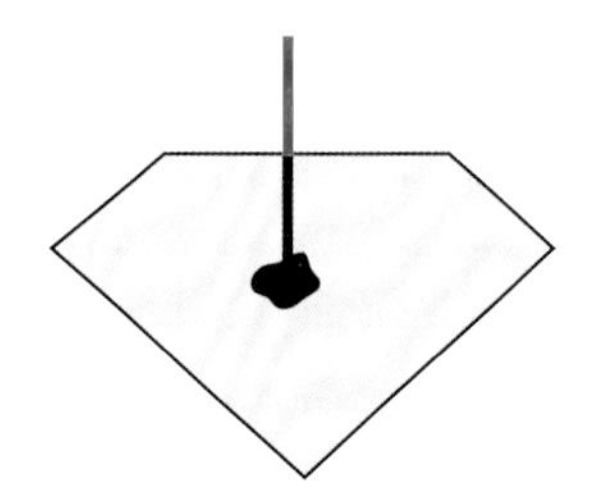
（a）激光钻孔至暗色包裹体

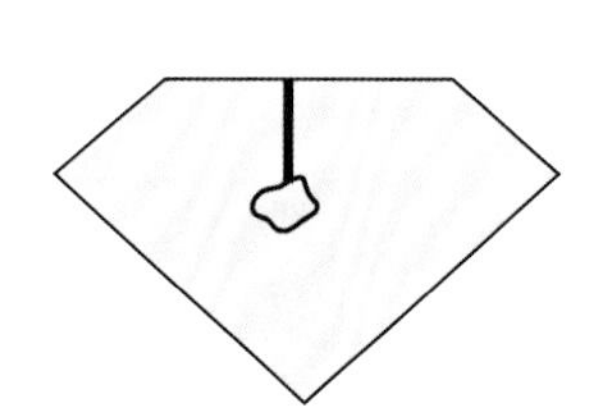
（b）注入酸去除暗色包裹体

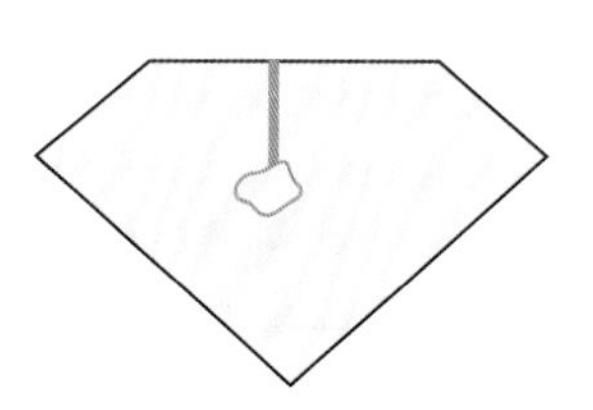
（c）充填处理掩盖空洞和激光孔

图 3-22　激光钻孔处理示意图

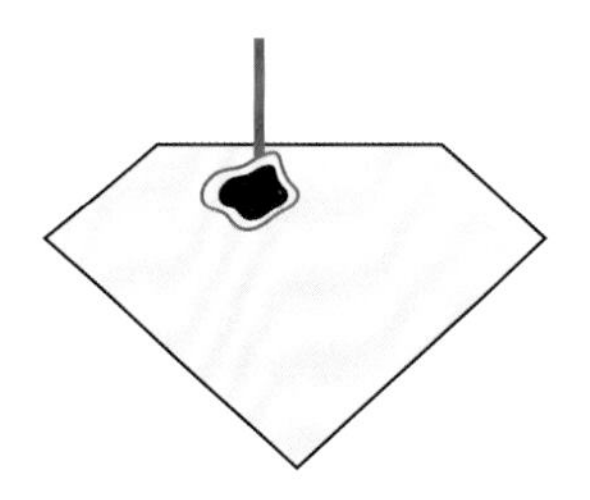
（a）激光加热暗色包裹体

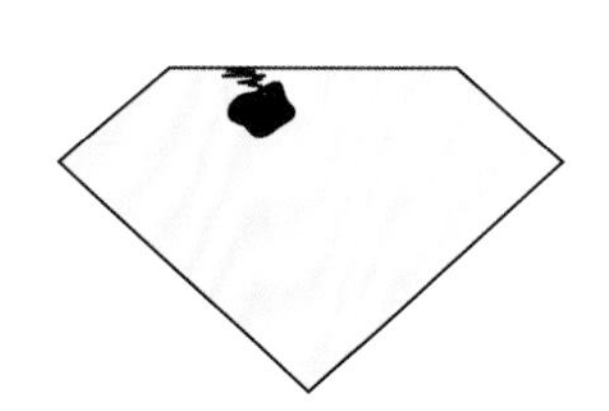
（b）包裹体膨胀产生延伸至表面的裂隙

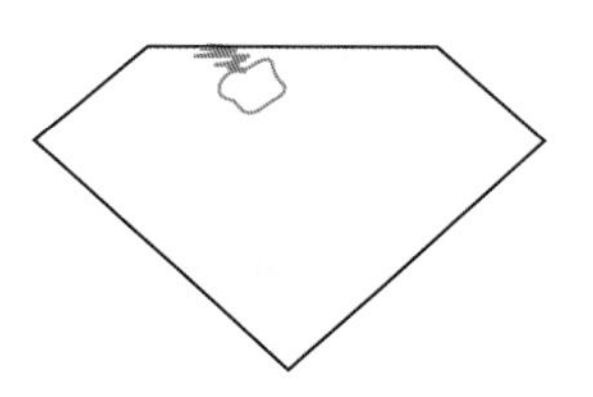
（c）注入酸去除包裹体

图 3-23　“KM”激光钻孔处理示意图

3-24）。新型“KM”激光钻孔处理可见锯齿状通道的伸向钻石表面的裂缝。激光钻孔留下的孔洞和裂隙，后期还可以进行充填处理，出现充填处理特征。上述特征都是鉴别激光钻孔的主要依据。

图 3-24　激光钻孔处理钻石

三、覆膜处理

覆膜处理（Surface Coating）是一种较古老的改变钻石颜色的方法。这种传统的处理方法已沿用了几个世纪，目前市场上已经少见。在钻石的亭部或腰部覆以蓝色薄膜，可以用于提高具有黄色调钻石的色级，使之看上去更白；也可在钻石表面覆以彩色薄膜仿彩钻。

鉴别时可以发现覆膜处理的钻石光泽较弱，不具有金刚光泽，表面薄膜可产生干涉色。放大观察钻石表面，局部可见薄膜脱落（图 3-25）。

图 3-25　覆膜处理钻石表面的薄膜脱落
（图片来源：©GIA Reprinted by permission）

四、辐照处理

辐照处理（Irradiation）多用于彩钻的颜色处理。其原理是，通过放射源辐照（回旋加速器、直线加速器、中子辐照等），部分破坏钻石晶体结构，产生色心使之呈色，可使钻石产生褐色、粉色、黄色、绿色、蓝色等。目前较常用的方法是反应堆的中子辐照和直线加速器的高能电子辐照。辐照后还可通过热处理产生新的色心（主要是 H 色心或 N-V 色心），使钻石颜色发生改变。

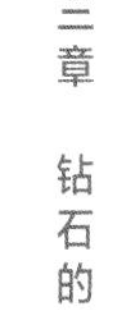

鉴别辐照处理钻石的主要依据是：人工辐照致色的彩色钻石通常具有特殊的颜色分布特点。运用回旋加速器进行辐照改色的钻石，会在底尖周围显示特殊的伞状效应，因轰击腰部区域，光线在钻石内部反射形成。伞状效应是回旋加速器辐照处理的指示性标记。使用直线加速器进行低能电子辐照改色的钻石，会在亭部刻面下产生薄薄的一层颜色，由于光线在钻石内部反射，最终表现为底尖附近的颜色浓集（图 3-26）。

图 3-26　辐照改色钻石底尖附近可见颜色浓集现象
（图片来源：©GIA Reprinted by permission）

紫外可见光吸收光谱、光致发光光谱、电子顺磁共振光谱和红外吸收光谱中，也可见部分辐照色心的吸收峰。辐照产生的色心及其光谱特征如表（3-2）所示。595nm 色心通常与人工辐照热处理有关，处理后产生绿色、黄色、粉色，但也会在天然黄色、绿色钻石中出现。热处理温度高于 1000℃时，595nm 色心会消失，因此无 595nm 色心的Ⅰa 型钻石并不能证明其未经处理。NV^0 色心（575nm）是多数人工处理和部分天然粉色钻石的致色原因。GR1 色心（740.9nm）多在天然或人工辐照产生的Ⅰa 型绿色和Ⅱa 型蓝色钻石中出现。另外，辐照处理的蓝钻因不含硼，不具有天然蓝钻的导电性。

表3-2　辐照产生的钻石色心及其光谱特征

检测光谱	钻石颜色	色心	组成	吸收峰波长/波数	成因
UV-Vis	无影响	ND1	负电荷空位（V^-）	393.6nm	天然，人工辐照
UV-Vis PL	黄色	H4	围绕2个空位（Vacancy）的4个氮原子（4N+2V），由空位从晶格迁移并与氮原子B聚合体（4N+V）结合产生	496.2nm	天然，辐照热处理
UV-Vis PL	黄绿色	H3	被空位隔开2个氮原子（$N-V-N)^0$	503.2nm	天然，辐照热处理，辐照高温高压热处理
UV-Vis PL	可能与绿色有关	3H	与钻石晶格的填隙碳原子有关，常与GR1色心同时出现	503.4nm	天然，人工辐照
UV-Vis PL EPR	粉色	NV^0	单个氮原子与相邻空位组成电荷中性色心（NV^0）	575nm	天然，辐照热处理

续表

检测光谱	钻石颜色	色心	组成	吸收峰波长/波数	成因
UV-Vis	可与其他颜色有关	595nm	与氮有关	594.4nm	天然，辐照热处理。热处理高于1000℃时，595nm色心会消失
UV-Vis PL EPR	粉色	NV^-	单个氮原子与相邻空位组成负电荷色心（NV^-）	637nm	天然，辐照热处理，辐照高温高压热处理
UV-Vis PL	绿色	GR1	缺少碳原子的中性空位（V^0）	740.9nm 744.4nm	天然，人工辐照
IR PL	可能与绿色有关	H2	被空位隔开2个氮原子组成负电荷色心（$N-V-N$）$^-$	986.3nm	天然，辐照热处理，辐照高温高压热处理，与H3色心关系密切
IR	无影响	H1c	与围绕1个空位的4个相邻氮原子组成的B聚合体（4N+V）有关	1934nm，5171cm^{-1}	天然，辐照热处理
IR	无影响	H1b	与两个相邻氮原子组成的A聚合体（N-N）有关	2024nm，4941cm^{-1}	天然，辐照热处理
IR	无影响	H1a	与填隙氮原子有关	1450cm^{-1}	天然，辐照热处理

注：UV-Vis：紫外可见光吸收光谱；PL：光致发光光谱；EPR：电子顺磁共振光谱；IR：红外吸收光谱。

五、高温高压处理

高温高压（HPHT）处理，可以修复或改变钻石内某些结构缺陷，从而改变钻石的颜色。根据钻石结构类型的不同，可以产生不同的效果：如美国通用电气公司（GE）生产的Bellataire钻石，是将Ⅱa型褐色至黄色钻石转变为无色钻石；诺瓦公司（Bella Nova Company）生产的Nova钻石，则是将Ⅰa型褐色至黄色钻石转变为黄绿等彩钻。

经过高温高压处理的GE钻石高倍放大下可见内部纹理、热处理痕迹等。Nova钻石因其塑性变形较强，异常消光强烈，显示强黄绿色荧光并伴有白垩状荧光。总体来说，HPHT处理的钻石鉴定较困难。通用电气公司曾承诺由其处理的钻石会在腰棱表面激光刻有“GE POL”或“Bellataire”字样；Nova钻石也刻有标识，并附有唯一序号和证书。

第三节

合成钻石及其鉴别

人们在通过优化处理提高天然钻石质量的同时，也在不断开展人工合成钻石的研究。20 世纪 70 年代初，美国通用电气公司首次合成出了宝石级钻石。如今，合成钻石已逐渐进入珠宝市场并应用于成品首饰中。

一、合成钻石的方法

目前合成钻石的方法主要有 3 种：高温高压法（HPHT 法）、化学气相沉积法（CVD 法）及新型纳米多晶合成钻石（NPD）技术。

（一）高温高压法

高温高压法（High Pressure High Temperature，HPHT）是合成钻石早期最常用的方法。其原理是以石墨或金刚石粉为原料，人工模拟天然钻石形成过程中的高温高压环境，以合成 Ⅰb 型钻石。目前，主要生产商有美国通用电气公司（GE）、日本住友公司（Sumitomo Electric）、Element Six（戴比尔斯旗下公司）、Gemesis、Chatham 等。

（二）化学气相沉积法

化学气相沉积法（Chemical Vapor Deposition，CVD）最初主要用于在其他材料表面生长钻石薄膜（DF 膜），如今也用于合成宝石级单晶钻石。采用这种方法合成的 Ⅱa 型钻石，比 HPHT 法合成钻石更为纯净，可以达到较高的颜色和净度级别。

主要生产商有美国 Gemesis、SCIO Diamond、Morion，比利时 Diamond Culture，荷兰 AOTC 等。产品均已投放市场，出售的钻石可附有钻石分级证书，证书中标明其为合成钻石。

自 2012 年起，有零散的 CVD 合成钻石进入我国市场。2013 年 5、6 月两个月，国家珠宝玉石质量监督检验中心在全国多地发现多批次无证书合成钻石，在某些商家批量送检批次中共发现近 200 粒合成钻石。这些合成钻石以裸钻为主，重量多集中在 0.30 克拉左右，净度多为 VS–SI 级，颜色多为 G–I 级。

（三）纳米多晶合成钻石

纳米多晶合成钻石（Nano–polycrystalline Diamond，NPD），是在高温高压条件下，使石墨经烧结直接转变为纳米级的多晶钻石。此类钻石是近年合成钻石领域的新突破，由日本爱媛大学地球动力学研究中心（Ehime University's Geodynamics Research Center，GRC）生产，属于超硬材料，进入市场尚需时日。

二、合成钻石的鉴别

（一）外观特征

早期生产的合成钻石大多呈黄色、橙黄色、褐色，如今也有色级较高的 CVD 法合成钻石出现。另外，合成钻石的形态也与天然钻石有所差异（图 3–27 ~ 图 3–29）。

图 3–27　HPHT 法合成钻石多呈八面体与立方体的聚形
（图片来源：Photo courtesy of Gemesis）

图 3–28　CVD 法合成钻石多呈板状
（图片来源：Photo courtesy of Element Six）

图 3–29　新型纳米多晶合成钻石
（图片来源：Photo courtesy of Ehime University）

（二）内部特征

天然钻石内部常见的各种天然矿物包裹体，在合成钻石中并不会出现，取而代之的是来自触媒的金属包体以及特殊的生长纹与色带等。

高温高压法合成钻石，内部常见细小的铁镍合金，反光条件下为金属光泽，呈长圆形、角状、棒状平行晶棱，或沿内部生长区分界线定向排列，或呈十分细小的微粒状散布在整个晶体中。因内部含有金属包体，部分合成钻石可具有磁性。合成钻石颜色分布不均匀，色带常呈沙漏状或十字状。

化学气相沉积法合成钻石，内部可见不规则深色包体、点状包体、平行色带。

纳米多晶合成钻石放大镜下观察可见浑浊状外观，内部可见深色包体、白色点状包体，颜色分布不均匀。

（三）仪器鉴别方法

根据合成钻石与天然钻石在吸收光谱与发光性上的差异而设计出的钻石确认仪（DiamondSure®，图 3–30）和钻石观测仪（DiamondView®，图 3–31），可快速检测出大多数合成钻石和钻石仿制品。

钻石确认仪可以检测出天然Ⅰa 型钻石的 415nm 特征吸收线，大多数天然钻石能够通过检测，显示“PASS”，而合成钻石和少量天然钻石显示“需要进一步测试”。未能通过 DiamondSure® 检测的钻石，需要通过 DiamondView® 进一步观察钻石在紫外光下的荧光。根据发光模式和荧光颜色，可以判断钻石是天然形成还是人工合成。

利用 DiamondView® 所观察到的天然钻石与合成钻石的荧光图像如图 3–32 ~ 图 3–34 所示。

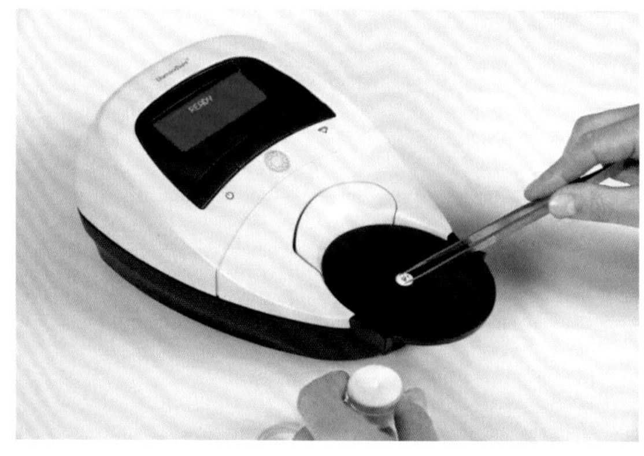

图 3–30　钻石确认仪

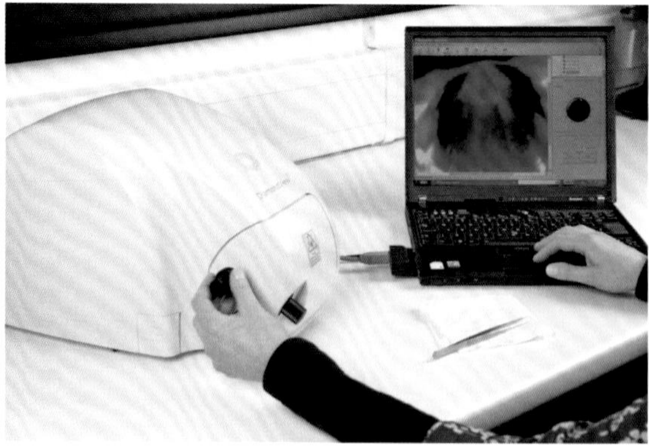

图 3–31　钻石观测仪

（图片来源：Copyright of the De Beers Group of Companies）

图 3-32　天然钻石发出蓝色荧光，内部显示八面体生长结构

图 3-33　CVD 法合成钻石发出橙色荧光，内部显示平行生长纹

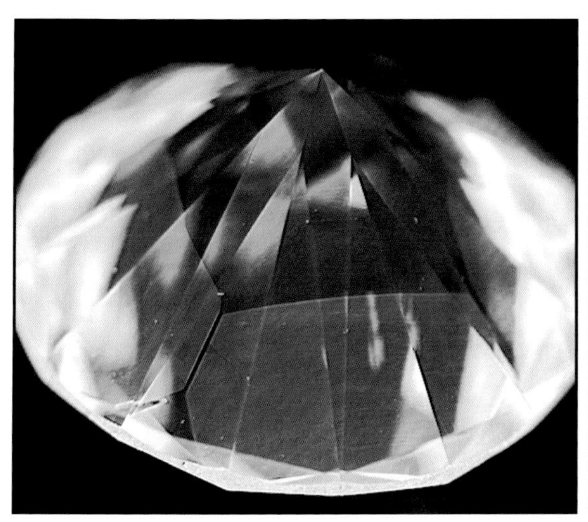

图 3-34　近无色（左）和黄色（右）的 HPHT 法合成钻石显示分区的发光模式

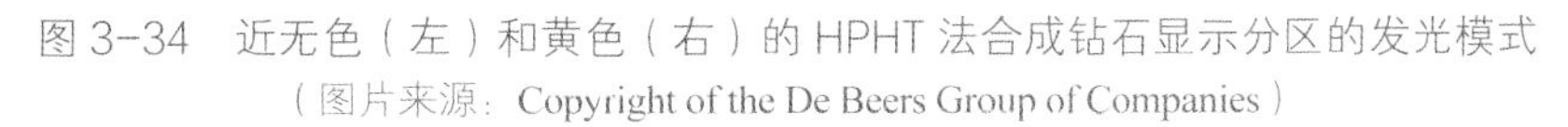

（图片来源：Copyright of the De Beers Group of Companies）

第四节

钻石仿制品及其鉴别

一、钻石的常见仿制品

早在 14 世纪，人们就开始运用玻璃仿制钻石。20 世纪初，无色合成刚玉和合成尖晶石陆续进入人们视野，随后合成金红石、人造钛酸锶、人造钇铝榴石（YAG）、人造钆镓榴石（GGG）等也相继出现。

如今，市场上最常见的钻石仿制品是合成立方氧化锆（Cubic Zirconia，CZ）和合成碳硅石（Synthetic Moissanite）。

（一）合成立方氧化锆

合成立方氧化锆（图 3–35），简称 CZ，由苏联科学家 1972 年首次合成。由于其亮度、硬度与钻石极其接近，直至 20 世纪末，一直是市场上最主要的钻石仿制品。生产时加入不同的着色剂或经过覆膜处理的立方氧化锆，可仿彩钻或其他彩色宝石。

图 3–35　合成立方氧化锆
（图片来源：Michelle Jo，Wikimedia Commons，CC BY 3.0 许可协议）

（二）合成碳硅石

碳硅石，又称莫桑石（Moissanite），最初发现于陨石碎片中，以其发现者诺贝尔奖获得者莫桑（Moissan）博士命名。此后，许多人声称在陨石或陆生岩石中发现了莫桑石，但均受质疑，直到在钻石晶体中发现莫桑石包裹体，并测定出特殊的同位素组成，才确认莫桑石是天然矿物。

图 3-36　合成碳硅石
（图片来源：Courtesy of Jewelry Television）

已知碳硅石有超过 150 种的多型，早期的合成方法是通过控制合成的气氛、温度，并通过增加石墨管等控制其成分纯净度和多型。1980 年，由美国一家实验室通过粉末原料在石墨中扩散升华、跳过液态阶段、直接从气态在籽晶上重结晶的方法，首次解决合成宝石级碳硅石问题。1998 年，合成碳硅石（图 3-36）进入市场，是目前与钻石最相似的仿制品。

二、仿制品的鉴别特征

与天然钻石相比，钻石仿制品的火彩可能过强或过弱，因此可以通过火彩来进行初步的鉴别（图 3-37、图 3-38）。仿制品硬度较低，加工较粗糙，腰围上通常保留打磨时的痕迹，如可见平行的抛光纹。

图 3-37　人造钛酸锶，色散值高于钻石，火彩过强，呈现完整的光谱色

图 3-38　人造钇铝榴石，色散值低于钻石，火彩较弱

（图片来源：Courtesy of Jewelry Television）

同时，还可以通过观察外观和内部特征，进行线条试验、亲油性试验等辅助性试验加以鉴别。天然钻石中常见的矿物包裹体，在仿制品中基本不会出现。部分双折射率高的仿制品，如无色锆石、合成碳硅石，内部可见刻面棱重影现象（图 3-39）。

图 3-39　合成碳硅石双折射率高，内部可见刻面棱重影现象

线条试验中，看到纸上线条则很可能为钻石仿制品。亲油性试验中，当油性笔划过钻石仿制品表面时，墨水常常汇聚成一个个小液滴，不能出现连续的线条。疏水性试验中，如果水滴很快散布开，则说明样品为钻石仿制品。

钻石仿制品最基本的鉴别方法是通过折射率、色散、相对密度和硬度来鉴别，表 3-3 列出了常见钻石仿制品的特征参数。

表3-3　常见钻石仿制品及其特征

名称	化学成分	折射率	色散值	相对密度	摩氏硬度
钻石	C	2.417	0.044	3.52	10
合成立方氧化锆	ZrO_2+CaO/Y_2O_3	2.15	0.060	5.8	8.5
合成碳硅石	SiC	2.648 ~ 2.691	0.104	3.22	9.25
人造钇铝榴石	$Y_3Al_5O_{12}$	1.833	0.028	4.50 ~ 4.60	8
人造钆镓榴石	$Gd_3Ga_5O_{12}$	1.97	0.045	7.05	6 ~ 7
人造钛酸锶	$SrTiO_3$	2.409	0.190	5.13	5 ~ 6
合成金红石	TiO_2	2.616 ~ 2.903	0.330	4.26	6 ~ 7

第四章
Chapter 4
钻石的质量分级

钻石是大自然创造的奇迹，每一颗都是独一无二的。随着人们对钻石的不懈追求和钻石在世界范围内的全面流通，迫切需要一个统一的标准来对钻石进行质量评价。20 世纪 40 年代，美国宝石学院（GIA）首次提出了 4C 的钻石分级标准，将钻石的质量从颜色（Color）、净度（Clarity）、切工（Cut）及克拉重量（Carat Weight）（图 4–1）四个方面衡量，简称 4C 分级标准。

图 4–1　大颗粒钻石裸石珍品达 21 克拉

美国宝石学院提出 4C 分级后的几十年里，世界各国的相关机构，如比利时钻石高层议会（HRD）、国际珠宝联盟（CIBJO）等也相继建立了钻石的分级体系（表 4–1）。

我国首个钻石分级国家标准于 1997 年 5 月 1 日颁布实施，后经多次修订。国内现行的钻石分级标准 GB/T 16554–2010，由国家珠宝玉石质量监督检验中心（NGTC）2010 年修订，2011 年 2 月 1 日起实施。

表4–1　世界主要钻石分级机构及体系

证书	钻石分级机构	分级体系
GIA	美国宝石学院（Gemological Institute of America）	美国
HRD	比利时钻石高层议会（Hoge Raad Voor Diamant）	欧洲
CIBJO	国际珠宝联盟（World Jewellery Confederation）	
IGI	国际宝石学院（International Gemological Institute）	
IDC	国际钻石委员会（International Diamond Council）	
Scan.D.N.	斯堪的纳维亚钻石委员会（Scandinavian Diamond Nomenclature）	
NGTC	国家珠宝玉石质量监督检验中心（National Gemstone Testing Centre）	中国

钻石分级标准的不断完善与钻石分级证书的普及，使得全球的钻石价格更加透明、规范，极大地促进了世界钻石贸易的发展。目前，国内市场上出售的钻石，大多配有权威机构出具的证书，为钻石购买者提供了可靠的保障。

钻石的 4C 标准同时也是其价值评估的主要依据，钻石分级为钻石评估奠定了坚实的基础。对钻石进行评估，首先是对钻石的 4C 进行分级和评价，再根据相关市场的调查分析等，最后综合得出价值结论（图 4–2）。

图 4–2　国内外主要钻石鉴定分级机构出具的钻石分级证书及评估机构出具的钻石评估证书

第一节

钻石的颜色分级

天然钻石色彩丰富，不同颜色的钻石在产量、价值和分级方法上都存在差异，故而业内将钻石颜色划分为两大系列：无色—浅黄（灰、褐）色系列和彩色系列。

钻石的颜色分级标准是人们在长期的实践中，为适应钻石贸易的发展逐步建立起来的。早期，人们习惯于以钻石矿山的名称来表示钻石的颜色级别。这种方式始于19世纪中叶，人们用印度著名钻石矿“戈尔康达”（Golcondo）的名字来代表颜色最好的钻石。

19世纪末，南非钻石产量远远超过了巴西，钻石色级的术语遂被非洲钻石矿的名称代替，并逐渐形成一系列流行于国际钻石贸易中的术语：Jager、River、Top Wesselton、Wesselton、Top Crystal、Crytal、Top Cape 和 Cape。

直至20世纪50年代，美国宝石学院（GIA）提出了颜色分级的完整方案，将开普系列钻石分为23级，以字母D–Z表示。这个标准深受市场欢迎，并被迅速推广到国际钻石贸易中。

一、无色至浅黄（褐、灰）系列钻石

自然界产出的绝大多数钻石都属于无色至浅黄（褐、灰）系列（图4–3），占宝石级钻石的98%以上，是颜色分级的主要对象。因早期浅黄色钻石多产自南非开普省，该系列钻石通常被称为开普系列（Cape Series）或好望角系列。

图 4-3　无色至浅黄系列钻石首饰

（一）颜色级别的划分标准

开普系列钻石以无色透明为优，所带的黄（褐、灰）色调越多，质量越低。现代钻石颜色分级体系大多以字母表示钻石的颜色级别（表 4-2），通常以钻石英文单词“Diamond”第一个字母“D”表示最高级别，E、F、G、H、I、J、K、L、M、N…，Z 依次代表较低色级。当钻石中黄色的饱和度高于 Z 色时，则属黄色彩钻。

习惯上将钻石的无色透明称为“白”。通常以 H 色作为“白”的界限，H 色以及 H 色以上的钻石不易察觉到黄（褐、灰）色调，而 H 色以下的钻石黄（褐、灰）色调较明显。

表4-2　无色至浅黄系列钻石的颜色级别

<table>
<tr><th>国家标准
（GB/T 16554-2010）</th><th>GIA</th><th>HRD</th></tr>
<tr><td>D</td><td>D</td><td>Exceptional White+</td></tr>
<tr><td>E</td><td>E</td><td>Exceptional White</td></tr>
<tr><td>F</td><td>F</td><td>Rare White+</td></tr>
<tr><td>G</td><td>G</td><td>Rare White</td></tr>
<tr><td>H</td><td>H</td><td>White</td></tr>
<tr><td>I</td><td>I</td><td rowspan="2">Slightly Tinted White</td></tr>
<tr><td>J</td><td>J</td></tr>
<tr><td>K</td><td>K</td><td rowspan="2">Tinted White</td></tr>
<tr><td>L</td><td>L</td></tr>
<tr><td>M</td><td>M</td><td rowspan="3">Tinted Colour</td></tr>
<tr><td>N</td><td>N</td></tr>
<tr><td><N</td><td>O-Z</td></tr>
</table>

上述标准是针对裸石的颜色分级。对于已镶嵌成首饰的钻石，只有我国制定了相关分级标准，将其颜色划分为 7 个等级（表 4-3）。

表4-3　镶嵌钻石与未镶嵌钻石颜色级别对比

<table>
<tr><th>镶嵌钻石
颜色级别</th><td colspan="2">D-E</td><td colspan="2">F-G</td><td>H</td><td colspan="2">I-J</td><td colspan="2">K-L</td><td colspan="2">M-N</td><td><N</td></tr>
<tr><th>对应的未镶嵌钻
石颜色级别</th><td>D</td><td>E</td><td>F</td><td>G</td><td>H</td><td>I</td><td>J</td><td>K</td><td>L</td><td>M</td><td>N</td><td><N</td></tr>
</table>

（二）颜色分级的方法和条件

钻石的每个色级代表的是一个颜色范围，并非一个点。钻石颜色分级，采用的是比色法，即将待分级钻石与一套标准“比色石”的颜色对比，评定级别。

比色石是一套已标定颜色级别的标准样品，依次代表由高至低连续的颜色级别。通常国内一整套比色石是 11 颗，分别代表 D、E、F、G、H、I、J、K、L、M、N 颜色级别的下限（表 4–4）：如钻石颜色白于 D 色比色石，定为 D 色；介于 G 色与 H 色比色石之间，定为 H 色；黄于 N 色比色石，则定为 <N 色。比色时，应着重比较待分级钻石和比色石相同的部位，视线与腰部平行观察腰部和底尖，或与亭部刻面垂直观察亭部中间透明区域。

在世界权威的钻石分级实验室中，比色石采用天然钻石，在克拉重量、净度、切工等方面都有严格的要求，以确保在评定钻石颜色时不会由于比色石的因素造成结果差异。因此，一整套的比色石成本是非常高昂的。

表4–4　钻石比色石颜色分级表

比色石级别	D	E	F	G	H	I	J	K	L	M	N	
颜色级别	D	E	F	G	H	I	J	K	L	M	N	<N

另外，为了排除其他因素的影响，进行钻石分级的光源、环境和人员都必须符合极为严格的条件。

光源：不同光源下钻石颜色会有差异，因此钻石分级时必须使用特定的比色灯（其光源通常采用色温 5500 ~ 7200K 的荧光灯，图 4–4）。

钻石分级实验室：为排除周围环境中颜色的干扰，分级实验室中桌椅、窗帘等应尽量采用灰色或白色，分级师也应避免穿着彩色服装（图 4–5）。

分级师：一颗钻石的颜色分级要由 2 ~ 3 名受过专业训练并取得相应资质的钻石分级师共同把关，以消除主观误差（图 4–6）。我国钻石分级标准规定，比色时间不得连续超过 2 小时，以免因视觉疲劳对分级结果产生影响。

图 4–4　钻石比色灯

图 4-5　钻石分级师在进行净度分级和切工分级

颜色分级应注意的事项：

- 当待分级钻石的尺寸与比色石相差较大时，为减少误差，可比较亭尖部位，或冠部与比色板接触部位的颜色，因为这两处受钻石大小的影响较小。
- 镶嵌钻石的金属托可影响或遮挡钻石的颜色，镶嵌钻石颜色分级与钻石裸石不同，但应尽量使用比色石。为减少反射光的影响，可将待测钻石和比色石倾斜至同一角度全面观察，比较二者的相同部位。对爪镶钻石进行颜色分级时，用镊子夹住比色石，放在与待测钻石台面相对的位置，比较腰棱部位的颜色深度。
- 花式琢型钻石各部位差异较大，使得光线聚集位置不同，造成颜色差异，因此其颜色分级方法不同于标准圆钻型。如橄榄形明亮型钻石长轴方向颜色较深，短轴方向颜色较浅，比色时可比较其对角线方向、刻面分布与比色石最相似的部位，或采用颜色平均法，如其长轴、短轴方向分别为J色和H色，则钻石色级定为I色。
- 带褐、灰色调钻石比色时，可以参考黄色色调钻石分级标准。

图 4-6　钻石分级师进行钻石颜色分级

（三）钻石的荧光强度级别

大多数天然钻石在紫外光的照射下，会发出不同强度和不同颜色的荧光。荧光并非评价钻石质量的主要因素，但会对钻石的颜色产生一定的影响。如强蓝色荧光可以中和钻石本身的黄色色调，使钻石看上去更白，并在大颗粒（1克拉以上）钻石中表现得更加明显。钻石的荧光，按强度可细分为不同级别（表4-5）。

表4-5 钻石的荧光级别

标准	荧光级别
国家标准（GB/T 16554-2010）	无 弱 中 强
GIA	None（无） Faint（微弱） Medium Blue（中等蓝） Medium Yellow（中等黄） Strong Blue（强蓝） Strong Yellow（强黄） Very Strong Blue（极强蓝） Very Strong Yellow（极强黄）
HRD	None（无） Faint（极弱） Weak（弱） Medium（中度） Strong（强） Very Strong（很强）

荧光强度分级在紫外荧光灯下进行，通常采用365nm的长波紫外光（图4-7）。

与进行钻石颜色分级类似，钻石荧光强度分级是利用一套已标定荧光强度级别的钻石样品，依次代表强、中、弱三个荧光级别的下限（表4-6）。

图4-7 钻石荧光强度分级

表4-6 钻石荧光分级

荧光比色石级别		弱	中	强
荧光级别	无	弱	中	强

二、彩色钻石

近年来，国际钻石界一直致力于建立更完善的彩色钻石颜色分级体系，但目前仅有GIA、HRD等少数国际宝石鉴定机构能够出具彩色钻石的分级证书，国内彩色钻石颜色分级尚处于研究阶段。

目前，国际上对彩色钻石颜色分级主要从色调（Hue）、明度（Tone）和饱和度（Saturation）方面进行衡量（表4–7、图4–8、图4–9）。

表4–7　彩色钻石的颜色级别

	色调（Hue）	明度/饱和度（Tone/Saturation）
GIA	由Red（红）、Orange（橙）、Yellow（黄）、Green（绿）、Blue（蓝）、Violet（紫）、Purple（紫红）等27个色调组成色调环	Faint（微） Very Light（很淡） Light（淡） Fancy Light（淡彩） Fancy（彩） Fancy Intense（浓彩） Fancy Dark（暗彩） Fancy Deep（深彩） Fancy Vivid（艳彩）
HRD	与孟塞尔颜色系统[①]一致	Faint（微） Light（淡） No Prefix（无需限定词） Intense（浓） Dark（暗） Translucent（半透明）

左侧亮圆形钻石的颜色为黄色，最右侧的雷迪恩型钻石为橙色，颜色逐渐由黄色变为橙色。

图4–8　橙色和黄色钻石

由左至右绿色的饱和度增加，亮度降低，左侧第一颗为偏黄绿色，最右侧的绿色偏蓝，其GR1色心的吸收较强。

图4–9　不同绿色的天然钻石

（图片来源：Photo by Robert Weldon Courtesy Alan Bronstein / Aurora Gems New York）

① 孟塞尔颜色系统：根据颜色视觉特点制定的颜色分类和标定系统，被国际上广泛采用作为分类和标定表面色的方法。

第二节

钻石的净度分级

净度是评价钻石质量的另一个重要因素。天然钻石不是完美无瑕的，通常具有各类内外部特征。这些特征是自然赋予每颗钻石的独特印记，见证了天然钻石的形成过程。但是，这些特征的存在，有时会影响钻石的美观度甚至耐久性，降低钻石的价值。

一、钻石常见的内外部特征

钻石的内外部特征，既包括各类天然内部包裹体，也包括在加工、佩戴过程中人为造成的瑕疵等。常见的特征如图 4-10 和图 4-11 所示。

（a）点状包体（Pinpoint）

（b）云状物（Cloud）

图 4-10 钻石常见的内部特征［（a）-（b）］

（c）浅色包裹体（Crystal Inclusion）

（d）深色包裹体（Dark Inclusion）

（e）针状物（Needle）

（f）内部纹理（Internal Graining）

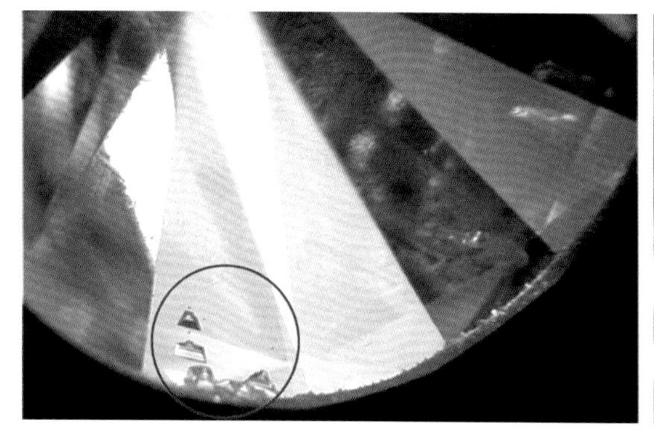

（g）内凹原始晶面（Indented Natural）

（h）羽状纹（Feather）

（i）须状腰（Beard）

（j）空洞（Cavity）

图 4-10　钻石常见的内部特征［（c）-（j）］

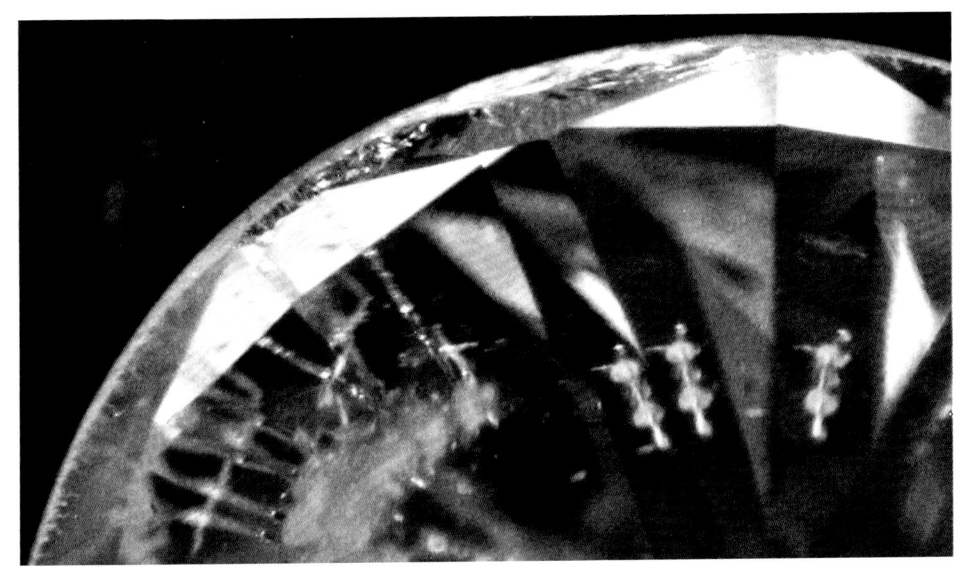

（k）激光痕（Laser Mark）

图 4-10　钻石常见的内部特征（k）

（a）原始晶面（Natural Facet）

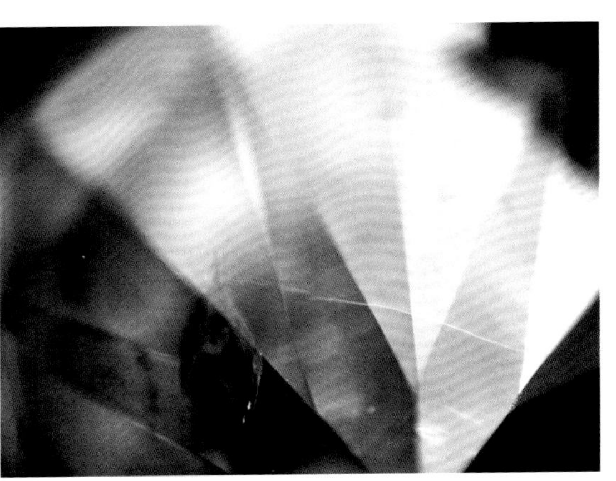

（b）表面纹理（Surface Graining）

（c）抛光纹（Polish Lines）

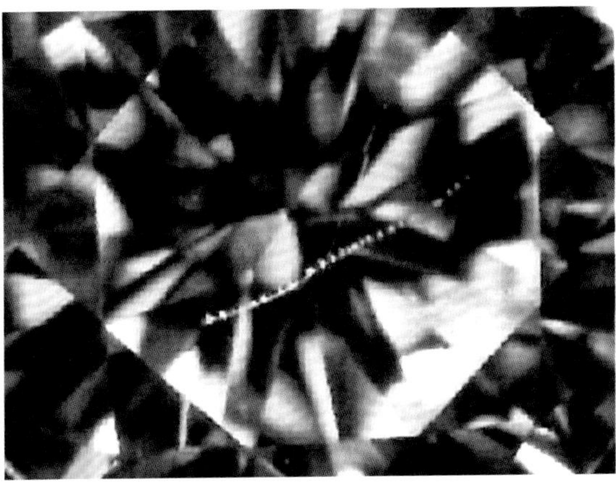

（d）刮痕（Scratch）

图 4-11　钻石常见的外部特征 [（a）-（d）]

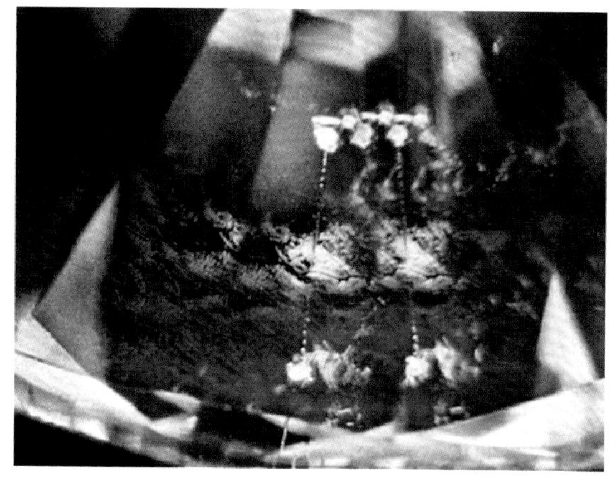

（e）烧痕（Burn Mark）

（f）额外刻面（Extra Facet）

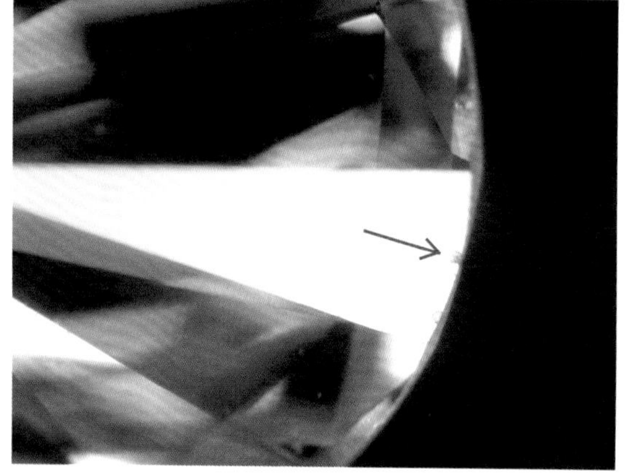

（g）缺口（Nick）

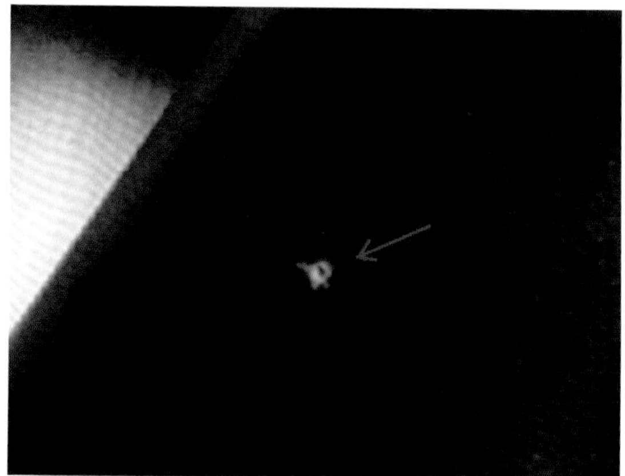

（h）击痕（Pit）

（i）棱线磨损（Abrasion）

（j）人工印记（Inscription）

图 4-11　钻石常见的外部特征 [（e）-（j）]

二、钻石的净度级别划分

（一）净度级别的划分标准

钻石净度由高至低，分为 LC（FL 和 IF）、VVS、VS、SI、P 共 5 个大级别。又细分为 FL、IF、VVS_1、VVS_2、VS_1、VS_2、SI_1、SI_2、P_1、P_2、P_3 11 共个小级别（图 4-12，表 4-8）。

图 4-12 钻石净度级别示意图

表4-8 钻石的净度级别

国家标准（GB/T 16554-2010）			GIA	HRD
LC	FL	在10倍放大镜下，未见钻石具内、外部特征	FL Flawless	LC Loupe-clean
	IF		IF Internally Flawless	
VVS	VVS_1/VVS_2	在10倍放大镜下，钻石具极微小的内、外部特征	VVS_1/VVS_2 Very Very Slightly Included	VVS_1/VVS_2 Very very Slightly Included
VS	VS_1/VS_2	在10倍放大镜下，钻石具细小的内、外部特征	VS_1/VS_2 Very Slightly Included	VS_1/VS_2 Very Slightly Included
SI	SI_1/SI_2	在10倍放大镜下，钻石具明显的内、外部特征	SI_1/SI_2 Slightly Included	SI_1/SI_2 Slightly Included
P	$P_1/P_2/P_3$	从冠部观察，肉眼可见钻石具内、外部特征	$I_1/I_2/I_3$ Included	$P_1/P_2/P_3$ Piqué

钻石分级国家标准（GB/T 16554-2010）中将镶嵌钻石净度级别划分为 5 个等级：LC、VVS、VS、SI、P。

（二）净度分级的方法和条件

专业钻石分级师在 10 倍放大条件下，采用比色灯照明，根据其内外部特征的大小（Size）、数量（Number）、位置（Position）以及可见度（Visibility）等对钻石的净度进行分级（图 4-13）。

净度分级常用的放大仪器为 10 倍手持放大镜和双目立体显微镜。放大镜由中间一片双凸透镜、上下各一片凹透镜组成，可消除球面像差和色像差，携带方便，较为常用。双目立体显微镜可复查净度等级高的钻石，是宝石实验室常用仪器。

图 4-13　作者讲授钻石分级实验课程

钻石净度分级的操作步骤是先用擦钻布或酒精清洁钻石，然后在钻石比色灯的照明下，用 10 倍放大镜观察钻石冠部、亭部和腰部的净度特征，绘制净度素描图，最后确定钻石净度等级，标注在净度等级坐标上。

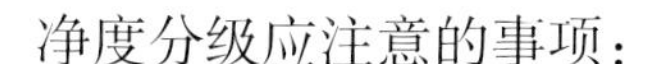

净度分级应注意的事项：

- 镶嵌钻石分级时，金属托有可能遮挡钻石的净度特征，导致分级师只能从受限角度观察，得出结果一般比实际级别高。这种情况下，可将镶嵌钻石倾斜，以便更易观察到内含物，并可减少金属托的影响。还可采用观察对面反射影像的方法检查镶嵌部位周围的特征，金属托影像具有金属光泽，而内含物一般没有。如若抛光后清洁不彻底，亭部周围通常附有黑色金属碎屑或抛光粉，注意根据位置、形态等区分净度特征与附着物。
- 花式琢型钻石净度分级与标准圆钻型钻石基本相同，但因形状不同，观察净度特征的难易程度也不同。祖母绿型钻石中较易观察到内含物，水滴形与橄榄形明亮型钻石的尖端部位则较难观察。

第三节

钻石的切工分级

如果说钻石的生命是自然赋予的，工匠的精心切磨则为“宝石之王”注入了灵气。完美的切工，能使钻石释放出璀璨夺目的光彩。钻石 4C 中，切工是唯一受人为因素影响的评价要素。切工的分级，也是钻石分级中最复杂、技术要求最高的一项。

钻石的切工可以分为两个大的类型。最常见的琢型是标准圆明亮琢型，其余琢型统称为花式琢型。

一、标准圆明亮琢型

标准圆明亮琢型（Round Brilliant Cut，图 4-14），也称标准圆钻型，最早于 19 世纪由美国人莫尔斯提出。托尔可夫斯基（Marcel Tolkowsky）在 1919 年提交的论文中对其进行了论述，奠定了标准圆明亮琢型的基础。随后经过一代又一代钻石工匠的不断实践和改进，标准圆明亮琢型已经成为目前技术最成熟的一种钻石切割工艺。

该琢型因能最大限度地显示钻石完美的火彩而广受欢迎，目前市场上近 90% 的钻石都是采用这种切工。

现代的标准圆明亮琢型切工钻石，由冠部（Crown）、腰部（Girdle）和亭部（Pavilion）三个部分组成，共 57 或 58 个刻面。其中冠部 33 个面，亭部 24 个面，有时可出现底小面（图 4-15）。

图 4-14　标准圆明亮琢型

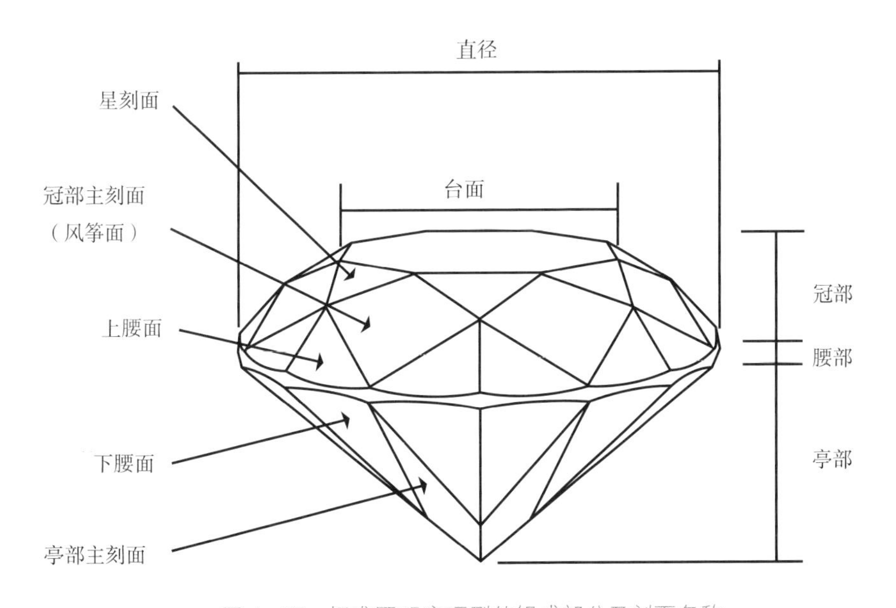

图 4-15　标准圆明亮琢型的组成部分及刻面名称

（一）标准圆明亮琢型钻石的切工评价

对标准圆明亮琢型的切工评价要从比率、对称性和抛光三方面考量，其中，对称性和抛光合称为修饰度。

1. 比率

比率（Proportions）是评价钻石切工最核心的因素，钻石的切割比率越接近理想值，越能充分地反射、折射光线，产生更加明亮璀璨的效果。比率包括一系列要素，一般以钻石各部分的大小相对于平均直径的比值表示（表 4-9）。

表4-9　标准圆明亮琢型的理想比率（GB/T 16554-2010）

比率指标	计算方法	理想比率
冠角（Crown Angle）	冠部主刻面与腰围平面的夹角	31.2°~36.0°
亭角（Pavilion Angle）	亭部主刻面与腰围平面的夹角	40.6°~41.8°
台宽比（Table Size）	台面宽度/平均直径 × 100%	52.0%~62.0%
冠高比（Crown Height）	冠部高/平均直径 × 100%	12.0%~17.0%
亭深比（Pavilion Depth）	亭部深度/平均直径 × 100%	43.0%~44.5%
全深比（Total Depth）	底尖到台面距离/平均直径 × 100%	58.5%~63.2%
腰厚比（Girdle Thickness）	腰部厚度/平均直径 × 100%	2.5%~4.5%
底尖大小（Culet Size）	底尖/平均直径 × 100%	<1.0%

（1）台宽比——亮度与火彩

钻石火彩主要是通过冠部的斜刻面射出。如果台面过大，会有较强的亮度，但火彩会较弱；而台面过小，则能有很好的火彩，但又会降低钻石的亮度。因此只有适宜的台宽比，才能实现亮度与火彩的平衡（图 4-16）。

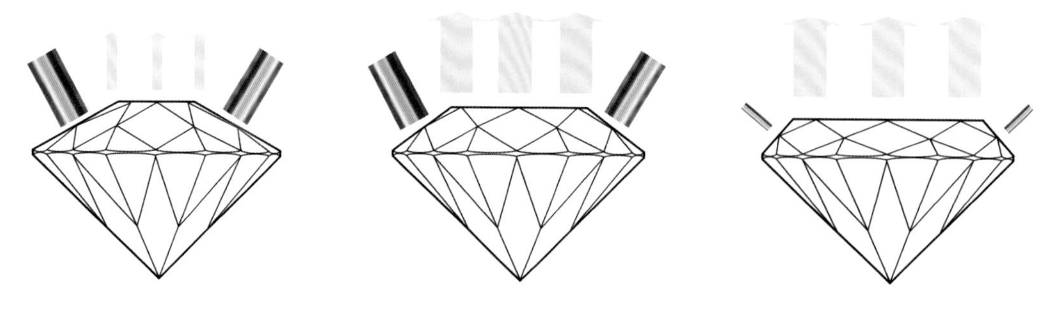

（a）台面过窄，强火彩，弱亮度　（b）台宽比适中，理想的火彩与亮度　（c）台面过宽，高亮度，弱火彩

图 4-16　台宽比对钻石亮度与火彩的影响

（2）亭深比——鱼眼效应与黑底效应

亭深比过大或过小都会漏光，影响钻石的亮度和外观的美观。亭部过浅时，产生鱼眼效应（Fish Eye）；亭部过深时，产生黑底效应（Nail Head）（图 4-17）。

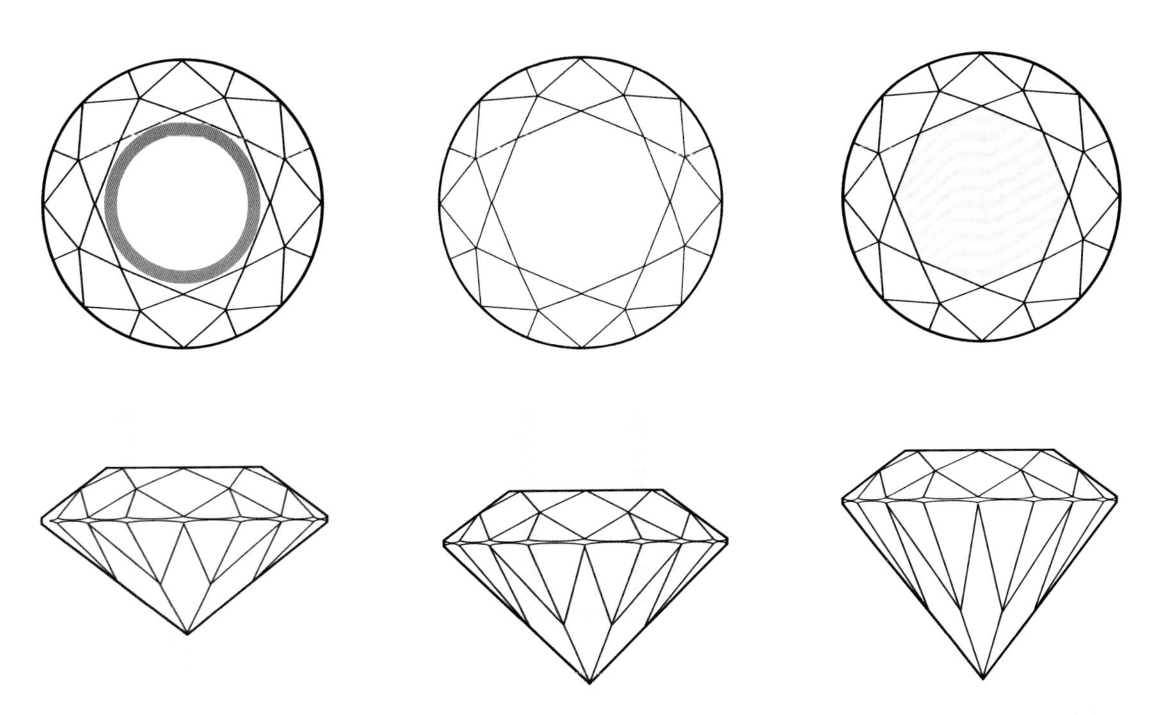

（a）亭部过浅，产生鱼眼效应　（b）亭深比适中，产生明亮的效果　（c）亭部过深，产生黑底效应

图 4-17　亭深比对钻石外观的影响

2. 对称性

对称性（Symmetry）反映钻石切磨师的工艺水平，也是确保钻石展现美观外形和完美光彩的重要条件。比率理想、对称性好的钻石可以呈现完美的反光，并可在切工镜下观察到特殊的图案，这些美妙的图案因寓意美好而备受青睐。如“八心八箭”（Hearts & Arrows Diamond），从台面观察呈八支“箭”[图 4-18（a）]，从亭部观察呈八颗“心”[图 4-18（b）]。

（a）正面八箭

（b）背面八心

图 4-18　从台面和亭部观察“八心八箭”钻石

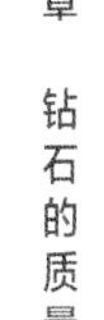

切工完美的钻石是完全几何对称的，对称性的偏差会破坏钻石的几何美感。影响切工对称性的常见因素如图 4-19 所示。

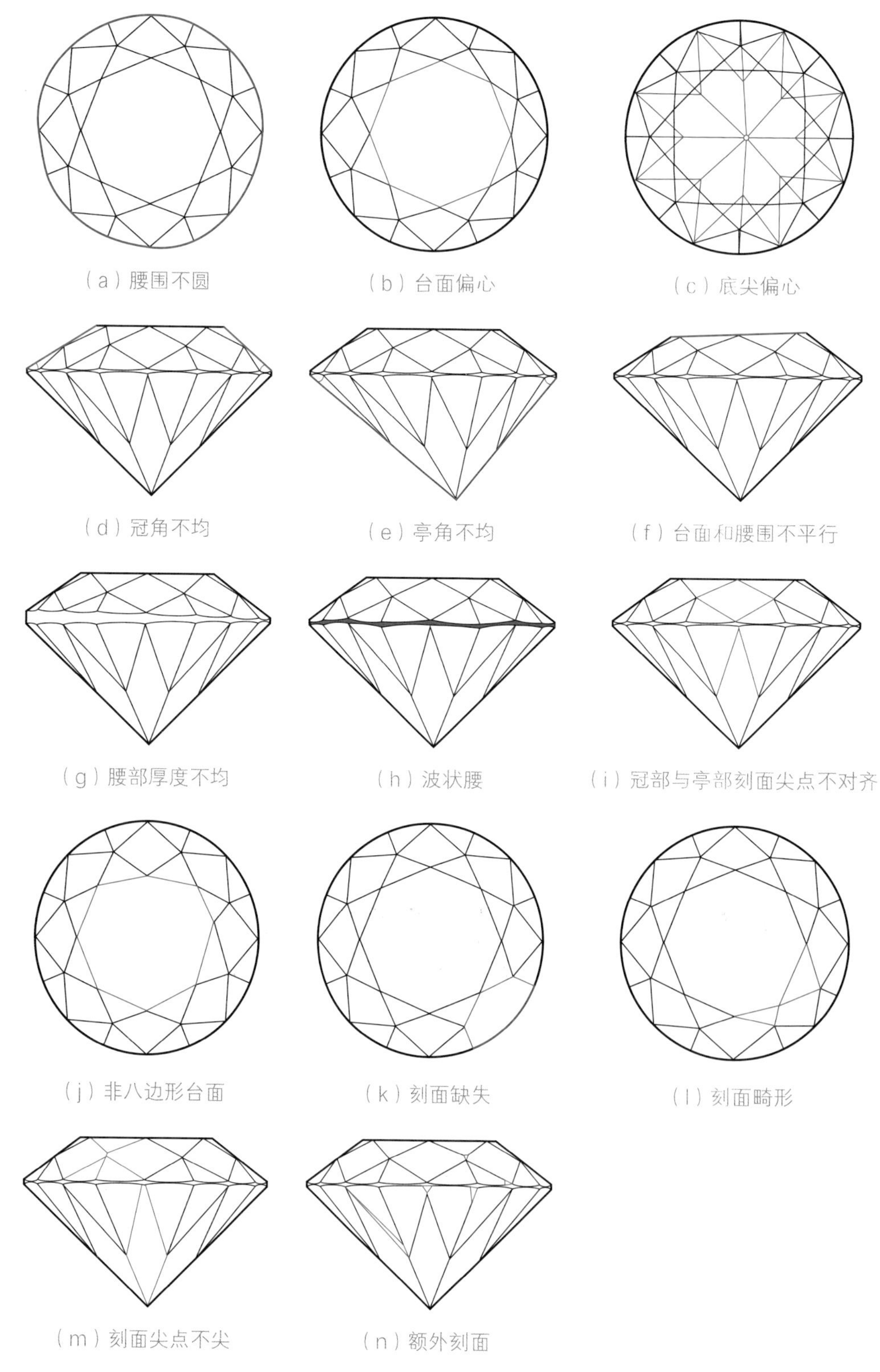

图 4-19　影响切工对称性的常见因素

例如，当钻石的腰围不是水平的，而呈上下波动时（图 4-20），从台面观察，可能出现暗区，形成领结效应（Bow-tie）（图 4-21）。

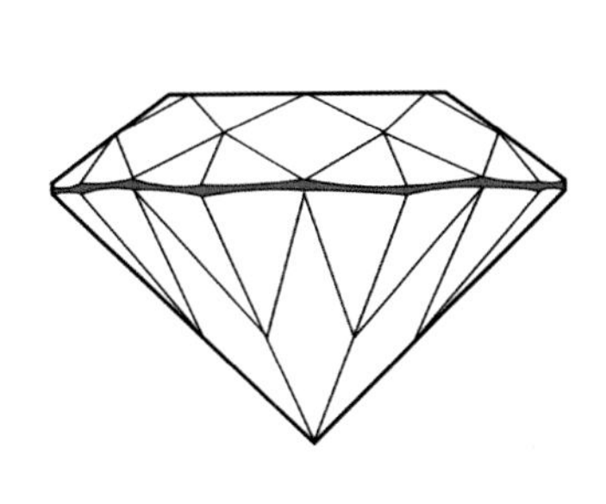

图 4-20　波状腰

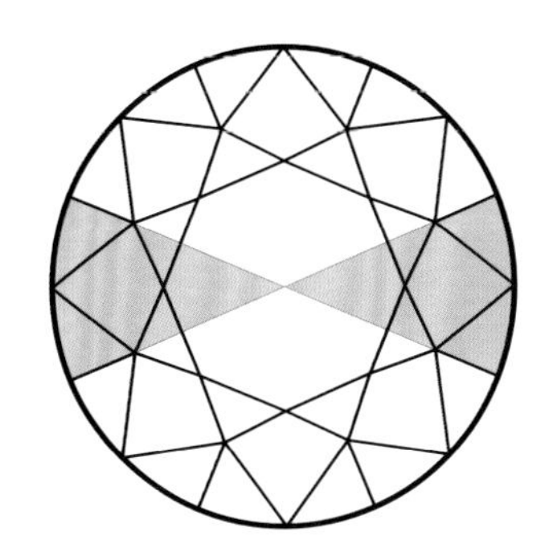

图 4-21　领结效应

3. 抛光

抛光（Polish）是钻石加工最后一道工序。抛光的质量直接影响钻石的亮度，而抛光不良产生的抛光纹、烧痕等，也会对钻石的净度产生影响。

（二）标准圆明亮琢型钻石的切工分级

钻石的切工分级，是根据比率级别、修饰度（对称性和抛光）级别进行综合评价。钻石分级国家标准（GB/T 16554-2010）中钻石切工级别的划分如表 4-10 和表 4-11 所示。

表4-10　切工级别划分规则（GB/T 16554-2010）

切工级别 / 比率级别 \ 修饰度级别	极好（EX）	很好（VG）	好（G）	一般（F）	差（P）
极好（EX）	极好	极好	很好	好	差
很好（VG）	很好	很好	很好	好	差
好（G）	好	好	好	一般	差
一般（F）	一般	一般	一般	一般	差
差（P）	差	差	差	差	差

表4-11 标准圆明亮琢型的切工级别

国家标准（GB/T 16554-2010）	GIA	HRD
极好（EX）	Excellent	Excellent
很好（VG）	Very Good	Very Good
好（G）	Good	Good
一般（F）	Fair	Fair
差（P）	Poor	

顶级切工的钻石，需要同时具备理想的比率、精准的对称性和完美的抛光，即三方面都达到最高级别（EX），通常被称为3EX钻石。市场上，只有约3%的钻石能够达到3EX级别，堪称钻石中的极品。

根据钻石分级国家标准（GB/T 16554-2010），对满足切工测量的镶嵌钻石，应采用10倍放大镜目测法，测量台宽比、亭深比等比率要素，并对影响修饰度（包括对称性和抛光）的要素加以描述。

二、花式琢型钻石的切工

标准圆明亮琢型以外的其他所有琢型钻石统称为花式琢型钻石（Fancy Cut Diamond）。

与标准圆明亮型钻石相比，花式钻石加工工艺的要求更高，加工成本也更高。尤其是1克拉以下的花式钻石，由于重量小、价格低，其加工成本对价值的影响更大。一般情况下，花式钻石价格比同品级圆钻低。主要原因是花式钻石的出成率比圆钻高很多，可达约80%；而切工达到VG（很好，Very Good）级别以上的圆钻出成率约为45%。此外，花式钻石的价格也受切工款式和供求关系影响。

（一）钻石常见的花式琢型

花式琢型最大的优势在于能更好地保留钻石重量。形态不规则的原石，可根据其形状选择相应的花式琢型，有利于提高出成率。巨钻和彩色钻石多切磨成花式琢型，以获得最大的重量。此外，一些花式琢型能较好地展现钻石的色彩，常用于彩色钻石。不同的外形与切磨样式相互组合，便形成了各种花式琢型。

1. 椭圆形明亮型

椭圆形明亮型（Oval Brilliant Cut）于20世纪60年代研发，适用于长形八面体的钻石原石，其外形略不同于圆钻，富有古典气质（图4-22）。

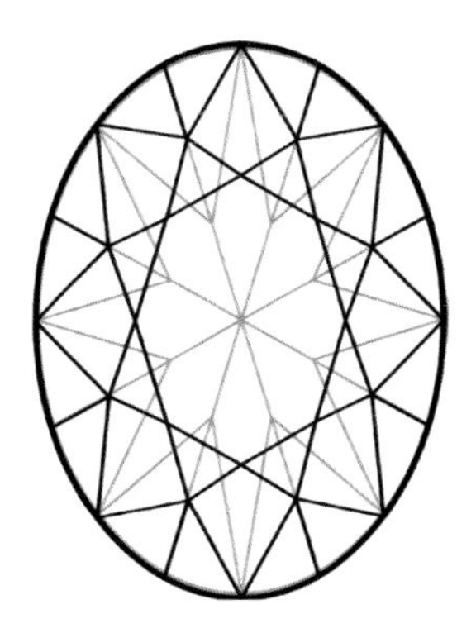

图4-22 椭圆形明亮型

2. 水滴形/梨形明亮型

历史上很多著名的钻石采用水滴形/梨形明亮型切工（Drop/Pear Brilliant Cut），包括世界第二大成品钻石库里南Ⅰ号。对于较大的钻石戒面，水滴形比标准圆钻型更富有优雅和古典气质（图4-23）。这种琢型适用于一端边角有破损或者有瑕疵的钻石原石。镶嵌时应注意尖角处的保护。

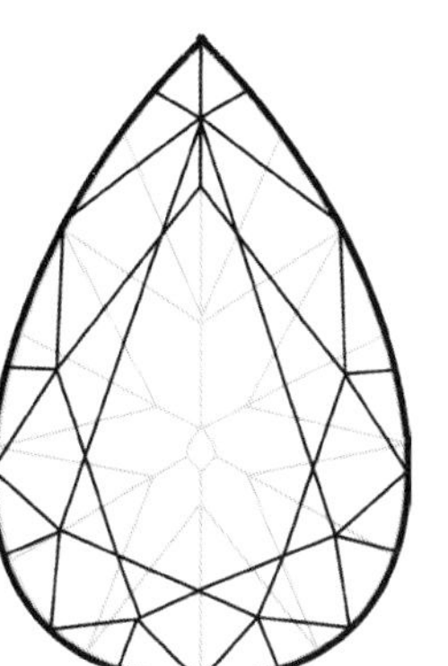

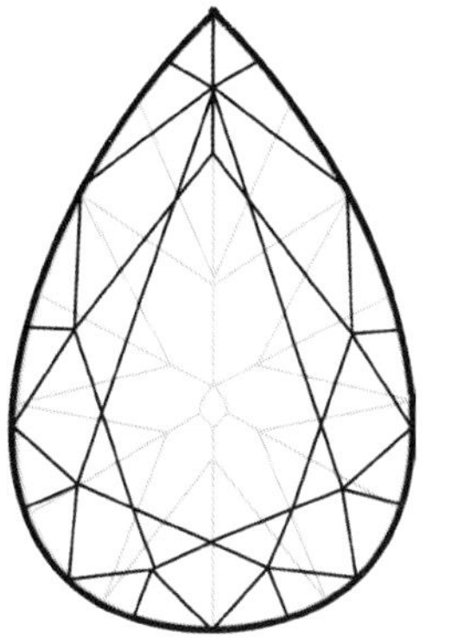

图4-23 水滴形/梨形明亮型

3. 马眼形/橄榄形明亮型

传说马眼形/橄榄形明亮型（Marquise Brilliant Cut）起源于法国路易十五时期，20世纪70年代曾非常流行。其特点是两端尖角处的包裹体能够被较好地遮掩，但原石保留率较低。同时，尖角处的闪亮度极高，镶嵌时应注意尖角处的保护（图4-24）。

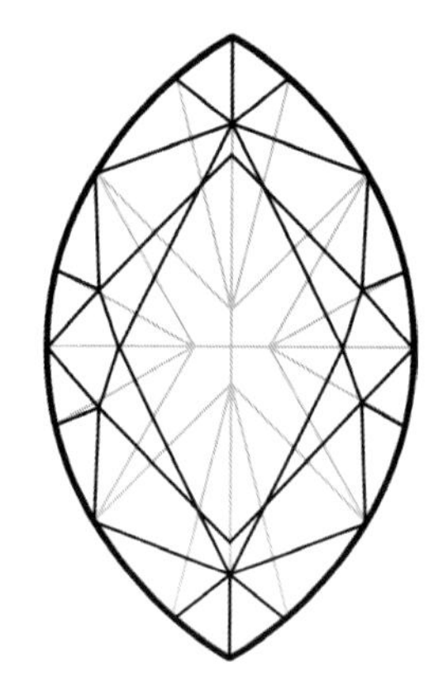

图 4-24　马眼形 / 橄榄形明亮型

4. 心形明亮型

心形明亮型（Heart Brilliant Cut）全深较浅，适用于形状不规则且整体较扁的钻石原石，同时可以去除位于凹槽部位的包裹体，但原石留存率较低。因其心形轮廓寓意美好，深受年轻人喜爱（图 4-25）。

图 4-25　心形明亮型

5. 三角形明亮型

三角形明亮型（Triangular Brilliant Cut）于 1978 年由阿姆斯特丹的切磨师发明，又叫作“Trillion”，三角薄片形钻石原石多加工为此琢型。三角形的边部略外凸，角顶或尖锐或圆钝，通常以等边三角形轮廓最为适宜（图 4-26）。

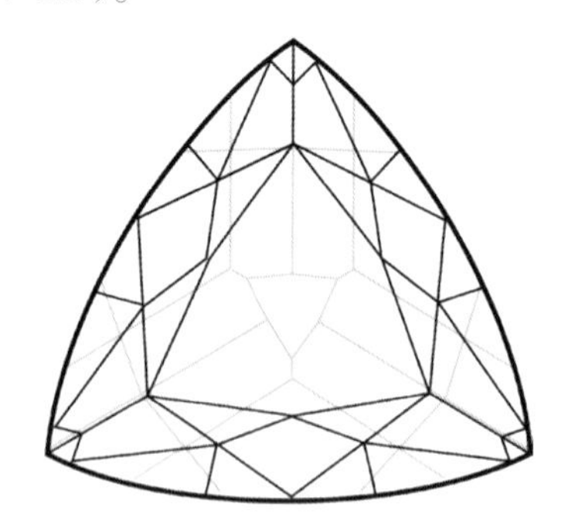

图 4-26　三角形明亮型

6. 方形明亮型 / 公主方型

方形明亮型 / 公主方型（Square Brilliant Cut/Princess Cut）于 20 世纪 70 年代由一家美国公司设计，可以大幅提高原石留存率（约为 80%）。尖角处和亭部刻面产生的亮度降低了包裹体的可见度，方形的外形更适用于无缝紧密群镶。这种独特前卫的造型，是目前最流行的花式琢型之一（图 4-27）。

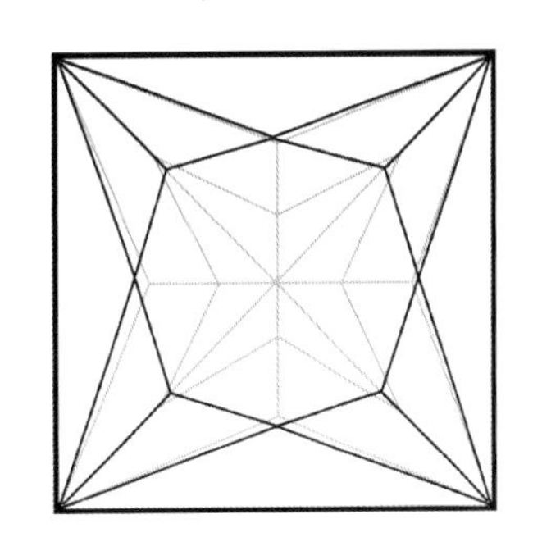

图 4-27　方形明亮型 / 公主方型

7. 祖母绿型

祖母绿型（Emerald Cut）为传统的阶梯式琢型，较难遮掩包裹体，适用于净度较高的钻石原石。祖母绿型钻石比标准圆钻型钻石的火彩少一些，但因其古典美，深受人们喜爱（图 4-28）。

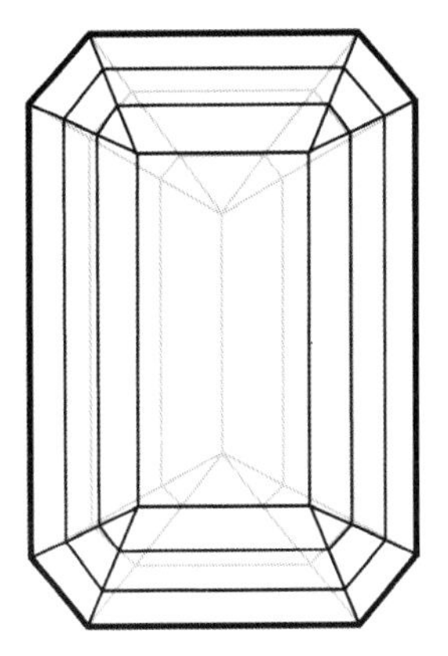

图 4-28　祖母绿型

8. 雷迪恩型

雷迪恩型（Radiant Cut）起源于 1977 年，是一种明亮型与阶梯型混合的改良式琢型，其轮廓可以是长方形至方形（图 4-29）。适用于四角有瑕疵的长方形钻石原石，原石留存率可达 60%。同时可汇聚颜色，提高彩色钻石的色级，近几年备受消费者推崇。

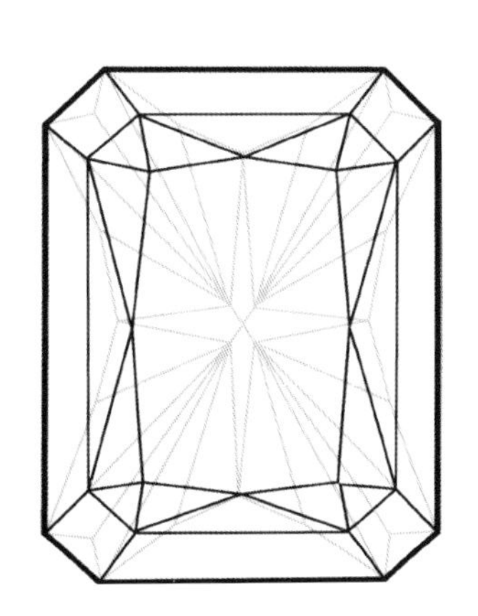

图 4-29　雷迪恩型

（二）花式琢型钻石的切工质量评价

1. 比率

花式琢型钻石的比率与标准圆明亮琢型相似，主要有台宽比、亭深比、腰厚比、全深比和冠角等。但由于花式钻石的琢型多，变化大，很难制定一套普适的分级标准，其质量评价主要参照标准圆明亮琢型的分级方法，可适当放宽。

明亮式花式钻石亭深比的适宜范围为 41% ~ 45%，过深或过浅都会产生领结效应，这在椭圆形、梨形、马眼形钻石中颇为常见。

花式钻石的腰厚往往不均匀，如心形钻石的开口处，马眼形、梨形、心形钻石的尖端处，在加工过程中容易破碎，因而将腰加厚。

2. 对称性

花式钻石很大程度上是以其形态美吸引人的，因此对称性对其切工质量的影响大于比率的影响。其质量评价与标准圆明亮琢型类似，除了对称性的一般偏差，如底尖偏心、腰部厚度不均等，还要考虑其轮廓的美观和协调性，尤其要考虑以下两方面。

（1）腰围轮廓

主要看轮廓是否左右、上下对称，曲线是否流畅、适宜。例如，阶梯式琢型的斜角过宽或过窄，梨形、椭圆形琢型的肩部过高，马眼形、梨形、心形的两翼过平或过鼓，马眼形、梨形、心形的尖端不够尖锐等，都会影响美观。

（2）长宽比

长宽比即腰围处最大直径与最小直径之比。长宽比没有固定的理想标准，受人们审美和个人喜好的影响，表 4-12 为目前比较流行的长宽比。

表4-12　花式琢型钻石的合适比例

形　状	长宽比
椭圆形	(1.33 : 1) ~ ((1.66 : 1)
梨　形	(1.50 : 1) ~ (1.75 : 1)
马眼形	(1.75 : 1) ~ (2.25 : 1)
心　形	(0.80 : 1) ~ (1.25 : 1)
祖母绿形	(1.50 : 1) ~ (1.75 : 1)

3. 抛光

花式钻石的抛光评价与标准圆明亮琢型钻石的评价方法相同。

第四节

钻石的克拉重量

钻石形成条件苛刻，超大天然钻石历来罕见。自然界产出的钻石大多颗粒较小，钻石原石在切磨过程中还会损失一部分重量。因此，加工后的成品钻石重量越大，价值越高。

一、钻石的重量单位

克拉（Carat，ct）是国际通用的钻石和彩色宝石的重量单位，1 克拉等于 0.2 克。

克拉，原本是生长在地中海沿岸的一种角豆树（Carob，图 4-30）的名字。由于这种植物的干种子（图 4-31）重量十分稳定，每一颗几乎一样重，在中古时期被宝石商人

图 4-30　角豆树

（图片来源：Júlio Reis, Wikimedia Commons, CC BY-SA 2.5 许可协议）

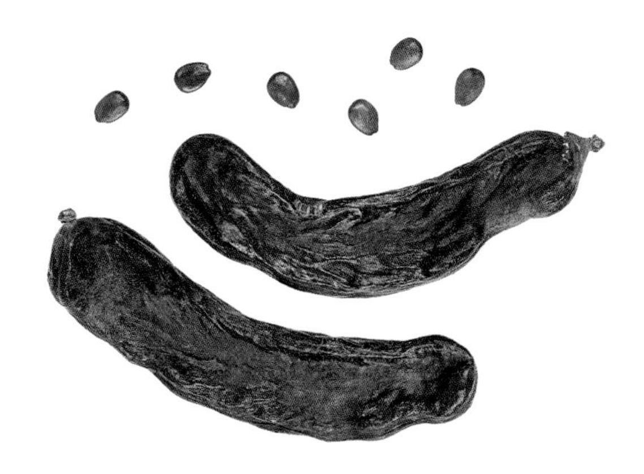

图 4-31　角豆树的干种子

（图片来源：Roger Culos, Wikimedia Commons, CC BY-SA 3.0 许可协议）

用作称量钻石的砝码，一颗种子的质量就叫 1 克拉。后来，克拉逐渐演变成为钻石和彩色宝石的重量单位。

分（Point，pt）也是钻石贸易中常用的重量单位，适用于重量在 1 克拉以下的钻石。1 克拉被分为 100 分，如一颗 0.50 克拉的钻石，也称 50 分。而在小颗粒钻石的批发中，还会用其他的重量单位，如格令（Grain，gr），有时也以每克拉的钻石颗数（颗 / 克拉）来表示整批钻石的平均重量（表 4–13）。

表4–13　钻石的常用重量单位

克　拉	分	格　令	颗/克拉
国际通用的钻石重量单位	用于小于1克拉的钻石	主要用于钻石批发中	用于碎钻，代表近似的重量范围
1.00ct=0.20g 1.00g=5ct	1.00ct=100pt	1.00ct=4.00gr 1.00gr=0.25ct	如：每克拉10颗，表示每颗重0.09～0.11ct

二、钻石重量的称量与估算

（一）重量称量

钻石价值昂贵，因而对称量仪器的精度要求较高（图 4–32、图 4–33）。在实际贸易中，钻石重量一般称重到小数点后 3 位，精确到小数点后 2 位，对第三位采取“八舍九入”。如 0.028 克拉，记为 0.02 克拉；而 1.029 克拉，记为 1.03 克拉。

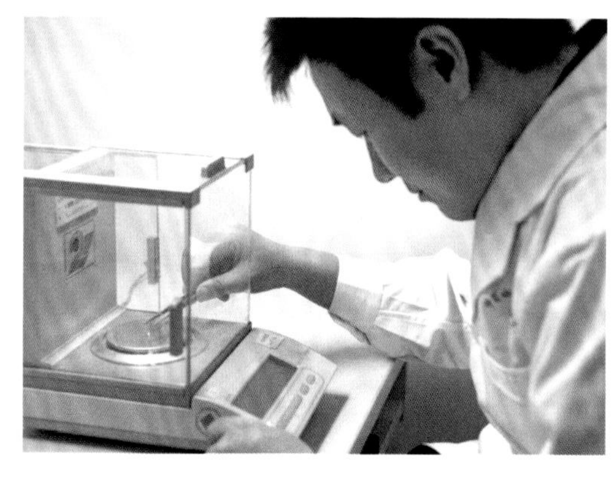

图 4–32　高精度电子天平秤，用于钻石称重，精确度为 0.001 克拉

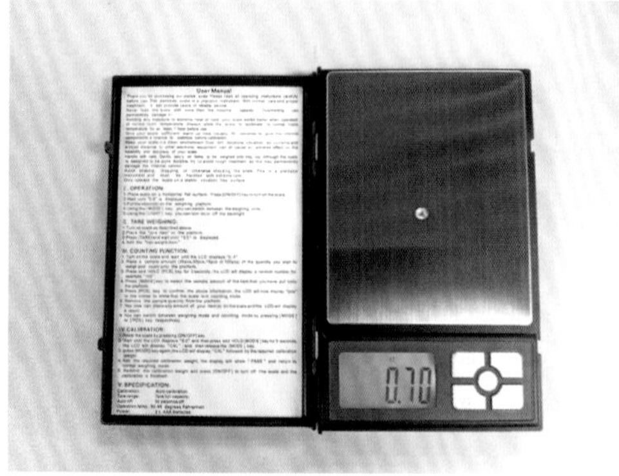

图 4–33　便携式电子秤，便于携带，在钻石实际贸易中更常用

（二）重量估算

在没有重量测量仪器，或钻石已镶嵌无法称量的情况下，还可通过测量直径，估算其重量。例如，按照标准比例切割的标准圆钻型钻石的直径与估算重量如表 4–14 所示。

表4–14　标准圆钻型切工钻石的直径与估算重量

直径（mm）	3.8	4.1	4.9	5.3	5.9	6.3	6.5
估算重量（ct）	0.20	0.30	0.40	0.50	0.75	0.90	1.00
直径（mm）	7.0	7.5	7.8	8.5	9.4	10.2	11.1
估算重量（ct）	1.25	1.50	1.75	2.00	3.00	4.00	5.00

三、钻石的重量范围

国际钻石行业内，习惯将 10.80 克拉以上的原石钻坯称为超大钻。其中，将 50 克拉以上的钻坯单独命名，称为记名钻。据不完全统计，全球已发现的钻石原石中，重量超过 100 克拉的不足 2000 颗。人类历史上发现最大的钻石原石是 1905 年在南非普列米尔矿发现的库里南钻石原石，重 3106 克拉。

钻石形成条件苛刻，自然界中产出的绝大多数钻石颗粒较小，加之在切磨过程中还会损失一部分重量，因此，大颗粒的成品钻石尤为珍贵。在成品钻石中，1 克拉以上的克拉钻，仅占很小的一部分。世界现存的十大成品钻石如表 4–15 所示。

表4-15　世界现存十大成品钻石

序号	中文名称	英文名称	重量（ct）
1	金色庆典	Golden Jubilee	545.67
2	库里南Ⅰ号	Cullinan I	530.20
3	无与伦比	Incomparable	407.48
4	库里南Ⅱ号	Cullianan II	317.40
5	德格里斯可诺精神	Spirit of de Grisogono	312.24
6	世纪	Centenary	273.85
7	佳节	Jubilee	245.35
8	戴比尔斯	De Beers	234.50
9	红色十字	Red Cross	205.07
10	千禧之星	Millennium Star	203.04

第五章

Chapter 5

钻石的形成与产地

第一节

钻石的形成

图 5-1　火山爆发

一、钻石的形成过程

33 亿 ~12 亿年前，在距地表 150 ~ 200km 的地幔深处，碳原子以石墨或气体［如二氧化碳（CO_2）、甲烷（CH_4）］的形式，赋存于橄榄岩、榴辉岩中。随着剧烈的地质构造运动，在 1000 ~ 1300℃的高温和 4.5 ~ 6.0GPa 的高压下，这些碳原子重新排列组合，在地幔深处结晶形成珍贵的钻石。

直至某一次偶然的火山爆发（图 5-1），岩浆携带钻石及其他矿物，一路向上穿过上地幔，冲破地壳。当然，这段路途并不轻松，倘若岩浆向上移动不够迅速，或受到其他侵入性岩浆混入，那么其中绝大多数钻石往往会再次转化为石墨或二氧化碳气体而消失。

最终只有极少数钻石成功到达地表。其中，一部分钻石在地表的风化作用及剥蚀作用下被流水冲刷、搬运，聚集沉积在海滨或河岸上，形成次生矿床；另一部分继续保留在金伯利岩（图 5-2）或钾镁煌斑岩中，形成原生矿床。

图 5-2　含钻石的金伯利岩
（图片来源：国家岩矿化石标本资源共享平台，www.nimrf.net.cn）

二、钻石的原生和次生矿床

金伯利岩（图 5-3）是原生矿床中最常见的含钻石的火山岩母岩，为混杂成因的角砾云母橄榄岩，因 1866 年在南非金伯利村首次发现而得名。金伯利岩发源于地球深部，以含有气体、液体和固体的流体（熔融岩浆）混合物形式到达地表。金伯利岩岩筒最上部有一层碎石或侵蚀、沉积等地质作用导致的非金伯利岩沉积物覆盖层，称为上覆物。金伯利岩本身较不稳定，暴露在大气中的部分会迅速风化成易碎物质，称为黄地。黄地下方是较坚硬的暗蓝灰色岩石，称为新鲜金伯利岩或蓝地。目前，地球上已经发现金伯利岩岩筒约 5000 个，半数以上在非洲南部，具有重要钻石开采价值的只有几十个。

图 5-3　含钻石的金伯利岩

除金伯利岩外，钾镁煌斑岩是另一种含钻石的火山岩母岩，多以一个岩筒为主、多个火山口带的形式产出。

次生矿床的开采早于原生矿床，并一直持续开采到现在。不稳定的原生矿床经风化和剥蚀后，在搬运作用过程中经过自然分选，硬度高、抗破坏能力强的钻石保留下来，宝石级钻石几乎不受破坏，因此砂矿中多数钻石的质量比原生矿床中的要好。

直到此时，这些历经亿万年的珍宝才被人类发现、开采和利用（图 5-4）。

图 5-4　钻石原石

（图片来源：Photo Courtesy of ALROSA）

三、冲击钻石——蓝丝黛尔石

蓝丝黛尔石（Lonsdaleite），是钻石的另一种同质多象变体，又称六方金刚石（Hexagonal Diamond）或冲击钻石（Meteoric Diamond）。据文献记载，这种矿物首次发现于美国亚利桑那州的巴林杰陨石坑（Barringer Meteorite Crater）。推测其成因是由于陨石撞击产生巨大压力和热量，由地表的石墨转化而来。也有学者认为，冲击钻石是从陨石母体直接结晶形成。

天然的蓝丝黛尔石只在陨石或陨石坑中有发现，呈金刚光泽，因含石墨杂质，表面呈灰色；偏光显微镜下透明，呈浅黄棕色。纯净的蓝丝黛尔石，表面抗压强度比钻石还高出 58%。

第二节

钻石的主要产地

一、钻石的发现历程

（一）钻石的发源地——印度

考古发现证实，古印度是钻石最初的发源地。传说，世界上第一颗钻石是在公元前800年由一名奴隶在印度克里希纳河畔发现的。

18世纪以前，印度一直是最主要的钻石产出国。印度南部戈尔康达地区因产出了大量名钻而闻名于世，如光明之海、沙赫（图5-5）、光明之山（图5-6）等。

图5-5 沙赫钻石于1450年被发现于戈尔康达

图5-6 光明之山钻石于1655年被发现于戈尔康达

从公元1世纪开始，钻石通过一条连接印度与欧洲的贸易通道——钻石之路，输出至地中海沿岸的古罗马等国。随后的十几个世纪里，钻石以其动人心魄的魅力征服了整个欧洲。其间，印度出产的大批名钻大多进入了欧洲各国王室中。

钻石之路实际上有两条路线。早期路线是由印度经古波斯抵罗马，这一时期钻石的运输十分艰难，许多钻石作为"过路费"落入了波斯人囊中。直至1498年，葡萄牙航海家达伽马发现了通往印度的海路交通，一条海上贸易之路在印度果阿、葡萄牙里斯本、比利时安特卫普之间建立起来。更加便捷的水路交通，促进了中世纪钻石贸易的蓬勃发展。

（二）承前启后——巴西

18世纪初，印度的钻石矿产几乎枯竭。幸运的是，1725年，在南美洲巴西发现了新的钻石矿，重振了欧洲的钻石贸易。近140年的时间里，来自巴西的钻石一度主导了世界的钻石市场。

在巴西采矿业的繁盛期，葡萄牙皇室宣布所有巴西的钻石矿均为"皇家御用"，使得整个钻石产业都处于葡萄牙殖民者的控制之下，钻石矿的开采也被征以重税（高达20%），称为皇家第五税（Royal Fifth）。

到了19世纪60年代末，巴西的钻石产量开始急剧下降，好在大洋彼岸的非洲又传来了发现钻石矿的喜讯。

（三）现代钻石业的开端——非洲

1866年，15岁男孩雅克布（Jacobs）在南非北开普（North Cape）省奥兰治河畔（Orange River）玩耍时，发现了一颗重达21.25克拉的钻石原石。这颗原石随后被切磨成10.73克拉的椭圆形，命名为尤里卡（Eureka），意为"找到了"。两年后，83.5克拉的巨钻南非之星（Star of South Africa）的发现，引起全球轰动，吸引了成千上万的寻钻者涌入南非。

1870年，南非发现了世界上首个钻石原生矿——金伯利（Kimberly）矿。随后的30年里，整个南非掀起一股寻找钻石的狂潮。群众性的找矿热潮，推动了钻石矿的勘探和开发，钻石业进入大规模工业化开采的时代。

金伯利矿早期的矿坑大洞（the Big Hole）（图5-7），是世界上最大的手工开凿矿洞，深1097m，直径450～460m。自1869年发现至1914年关闭时，该矿产出钻石共1450万克拉。如今，大洞已成为南非著名的旅游景区。

图 5-7　南非金伯利矿早期的矿坑大洞
（图片来源：Irene Yacobson，Wikimedia Commons，CC BY 2.0 许可协议）

二、钻石的主要产地

目前，全球已有近 30 个国家发现钻石矿床，主要分布于非洲、俄罗斯的亚洲部分、大洋洲和北美洲。此外，南美洲、亚洲也有少量钻石产出（图 5-8）。

俄罗斯、博茨瓦纳、刚果（金）、南非、加拿大、澳大利亚和安哥拉是目前世界最主要的钻石产出国，这 7 个国家的钻石总产量占全球的 90% 以上。以所产钻石总价值计，排名世界前五的国家依次为博茨瓦纳、俄罗斯、加拿大、南非和安哥拉（图 5-9）。

（一）俄罗斯

俄罗斯（Russia）是目前全球钻石产量最大的国家，其产量约占全球钻石总产量的 1/4，总产值位列世界第二，仅次于博茨瓦纳。

俄罗斯钻石矿主要集中在西伯利亚雅库特地区（Yakutia，现萨哈共和国）。1954 年，俄罗斯发现首个钻石原生矿夏日之光（Zarnitsa）。次年，包括著名的和平（Mirny）、幸运（Udachny）在内的 15 个岩筒及部分砂矿床陆续被发现。迄今俄罗斯共发现金伯利岩岩筒 450 个。目前，俄罗斯 94% 的钻石产出由其国有矿业公司阿尔罗萨集团（Alrosa

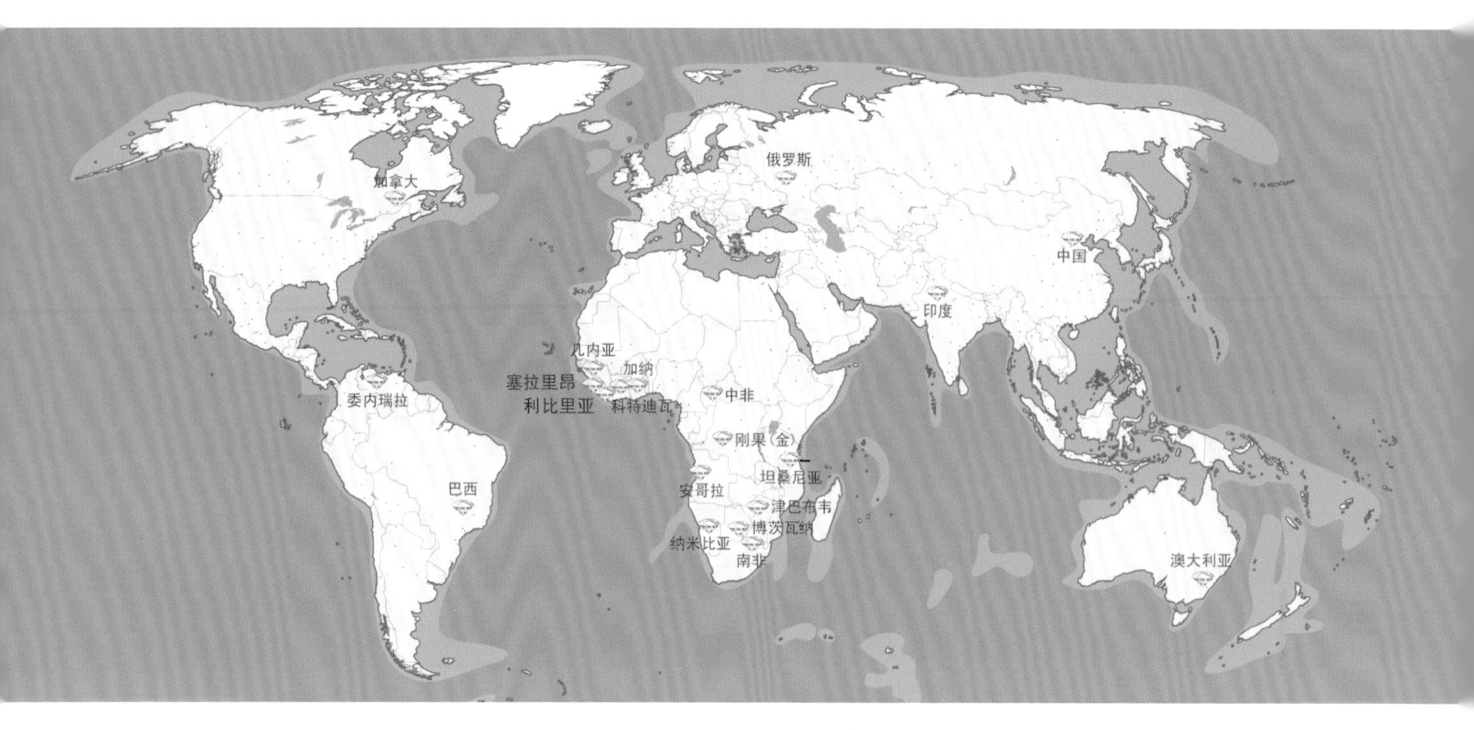

图 5-8　世界主要钻石产出国分布图
（图片来源：www.gettyimages.com，Digital Vision Veltois）

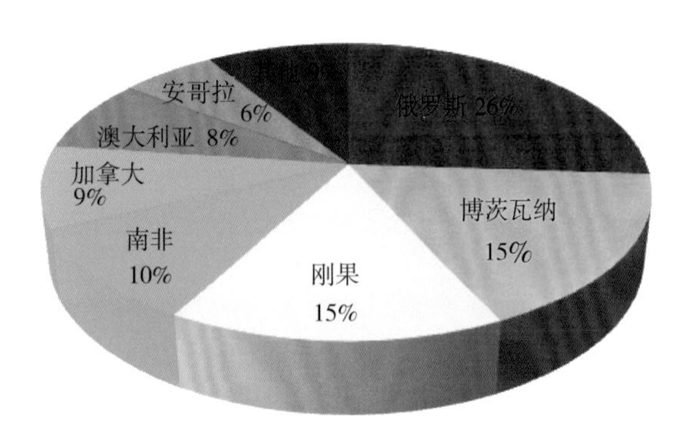

（a）2010 年全球钻石产量图

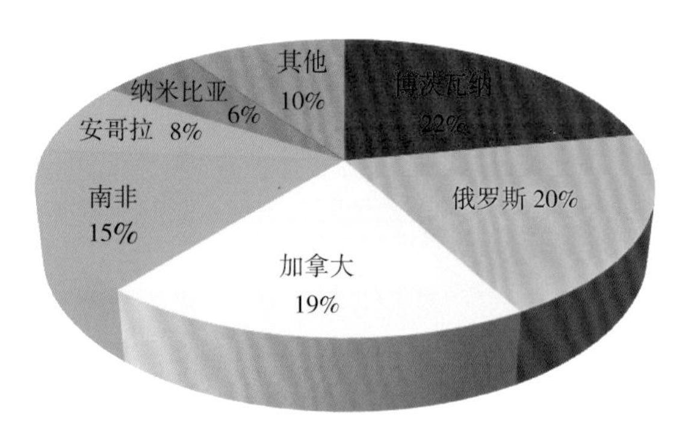

（b）2010 年全球钻石产值图

图 5-9　2010 年全球钻石的产量与产值
（数据来源：Kimberley Process Certification Scheme，Annual Report 2010）

Co.Ltd）控制。2011 年，该集团钻石产量达 3460 万克拉，原石销售总额超过 44 亿美元。

和平矿（图 5-10）是俄罗斯最大、最古老的钻石矿坑，也是世界第二大的人工矿坑，直径近 1200m，深 525m，洞内产生的下旋气流甚至可以将直升机吸入。该矿平均年产量曾高达 200 万克拉。自 2001 年起，和平矿地上部分已停止开采。幸运矿（图 5-11）与和平矿的发现时间相差不过 10 天，是世界上较大的露天矿坑之一，出产了大批高质量大颗粒钻石。

图 5-10　俄罗斯和平钻石矿

（图片来源：Vladimir，Wikimedia Commons，CC BY 3.0 许可协议）

图 5-11　俄罗斯幸运钻石矿

俄罗斯出产的钻石粒度小，但优质透明者居多，约 50% 达到宝石级（图 5-12、图 5-13）。

图 5-12　产自俄罗斯幸运矿的钻石原石
（图片来源：Rob Lavinsky，iRocks.com，Wikimedia Commons，CC BY-SA 3.0 许可协议）

图 5-13　产自俄罗斯和平矿的钻石原石
（图片来源：Photo Courtesy of ALROSA）

（二）博茨瓦纳

博茨瓦纳（Botswana）出产钻石的价值位居世界第一，是非常重要的钻石产出国。近年来，其钻石产量稳居全球前三。

博茨瓦纳钻石采矿业始于 1955 年，迄今已发现 200 多个金伯利岩岩筒。目前，博茨瓦纳钻石矿主要由政府与戴比尔斯公司合资的 Debswana 公司运营，四个主要钻石矿为朱瓦能（Jwaneng）、奥拉帕（Orapa）、莱特哈坎（Letlhakane）和丹姆莎（Damtshaa），在 2011 年总产量达到 2280 万克拉。

“朱瓦能”在博茨瓦纳语中意为“有小石头的地方”，该矿山位于博茨瓦纳南部纳莱蒂河谷（Naledi River Valley），1982 年正式投产，所产钻石占博茨瓦纳钻石总产量的 60% ~ 70%，是世界上价值最高的钻石矿（图 5-14）。“奥拉帕”意为“狮子休憩之所”，

图 5-14　博茨瓦纳朱瓦能钻石矿

该矿自1971年起开采，是博茨瓦纳开采最早的钻石矿，也是目前世界上最大的露天钻石矿（图5-15）。

图5-15　博茨瓦纳奥拉帕钻石矿
（图片来源：Copyright of the De Beers Group of Companies）

（三）刚果民主共和国

刚果民主共和国（Democratic Republic of Congo），简称民主刚果或刚果（金），其钻石产量巨大，但所产钻石大部分为工业级钻石（图5-16）。其开采历史可追溯至20世纪初。如今主要开采的钻石矿是位于河流地区的砂矿，宝石级钻石可达50%。

刚果民主共和国现在的钻石采矿业包括国家开采和个人开采。2005年，其年产量达3000万克拉。由国家政府控股的MIBA公司，是世界上最大的工业级钻石供应商。

图5-16　产自刚果的天然棕橙色立方体钻石原石
（图片来源：Photo by Yan Liu/Courtesy Liu Research Laboratories，LLC）

（四）南非

南非（South Africa）是最早发现钻石原生矿的国家，也是目前世界上最重要的钻石产出国之一。100多年里，南非共发现金伯利岩岩筒350个。其钻石产量位居世界前列，年产超过1000万克拉，宝石级约占25%。

维尼夏（Venetia）矿（图5-17），是目前南非最大的钻石矿，1992年开始露天开采，其产量占南非钻石总产量的40%。

南非钻石的特点是颗粒巨大。世界上发现的2000颗超过100克拉的巨钻中，95%产自南非。位于库里南矿区的著名矿山——普列米尔（Premier），因产出了大批世界名钻，如库里南钻石、世纪钻石等而享誉全球。此外，南非所产钻石颜色种类丰富，从无色到黄色、墨绿、蓝色等各色钻石均有产出。

图 5-17　南非维尼夏钻石矿
（图片来源：Copyright of the De Beers Group of Companies）

（五）加拿大

加拿大（Canada）是近几十年新兴的钻石产出国，目前产量居世界前列。

从 20 世纪 90 年代开始，加拿大西北部地区陆续发现钻石原生矿。其中，最重要的矿区是艾卡迪（Ekati）和戴维克（Diavik）。

艾卡迪矿自 1998 年起进行开采，是北美第一个商业钻石矿，"Ekati" 在印第安语中意为"驯鹿"，该矿区与戴维克矿相距约 20km。戴维克矿位于加拿大西北地区的首府耶洛奈夫（Yellowknife）东北 300km 处，在北极圈附近，2003 年正式投产，年产约 800 万克拉，预计可开采 16 ~ 20 年。

加拿大的钻石矿区大多数位于靠近北极圈的湖泊地带。矿区气候寒冷，环境恶劣，运输车辆只有在每年 2 ~ 4 月湖面结冰的短短几周内，通过一条临时"冰面高速公路"进出矿区，而其余时间里只能依靠空运（图 5-18）。

（六）澳大利亚

澳大利亚（Australia）一度是钻石产量排名世界前三的钻石产出大国，但近年来，其大型矿山由露天开采转向地下开采（参见 P6-3），钻石产量正逐年减少。

1972 年，澳大利亚南部首次发现金伯利岩型钻石矿。1979 年，北部地区发现了具有经济价值的钾镁煌斑岩型钻石矿。这是人类首次在非金伯利岩中发现钻石，对全世界钻石矿的勘探意义极其重大。随后，该地区又陆续发现 150 多个同类型钻石矿，其中最著名的是阿盖尔矿（the Argyle Diamond Mine）（图 5-19、图 5-20）。

图 5-18　位于北极圈附近的加拿大戴维克钻石矿
（图片来源：Photo Courtesy of The Diavik Diamond Mine）

图 5-19　澳大利亚阿盖尔矿区 AK1 号露天钻石矿坑，占地约 300 公顷（1 公顷 =10000 平方米。）

图 5-20　澳大利亚阿盖尔矿区露天加工场

（图片来源：Photo Courtesy of The Argyle Diamond Mine）

澳大利亚所产钻石颗粒较小，多带褐色调（图 5-22），仅 5% 可达到宝石级。阿盖尔矿因盛产粉色钻石闻名于世，全球 90% 的粉色钻石产自该矿（图 5-21）。

图 5-21 产自澳大利亚阿盖尔矿区的粉色钻石

图 5-22 产自澳大利亚阿盖尔矿区的香槟色（Champagne）和白兰地色（Cognac）钻石原石

（图片来源：Photo Courtesy of The Argyle Diamond Mine）

（七）安哥拉

安哥拉（Angola）也是国际上重要的钻石产出国之一，1912 年开始钻石开采。1909 年，地质学家 Narcise Janot 在安哥拉发现了第一颗钻石晶体。其钻石矿床集中于东北部宽果河谷（Cuango Valley）地区，以砂矿为主，还有数百个金伯利岩岩筒，所产钻石 70% 可达到宝石级。安哥拉的钻石开采主要由国家钻石公司（Endiama）控制，2008 年钻石产量超过 1000 万克拉。

（八）纳米比亚

纳米比亚（Namibia）拥有世界上品质最高的钻石矿床，所产钻石 95% 达到宝石级，单克拉均价位居世界第一。

1908 年，纳米比亚首次发现钻石。如今，由纳米比亚政府与戴比尔斯公司合资建立的 Namdeb 公司是当地最大的钻石矿产公司。纳米比亚钻石矿多为滨海砂矿和海底砂矿。位于南非与纳米比亚交界的奥兰治河（Orange River），携带大量来自南非和博茨瓦纳的金伯利岩碎屑，注入大西洋。这些砂砾中的大颗粒钻石因较重，沉积在奥兰治河沿岸及入海口附近；而更多的小颗粒钻石，则被洋流带到北部的奥兰治蒙德（Oranjemund）至伊丽莎白湾（Elizabeth Bay）一带，沉积在海床上。

滨海砂矿的开采（图 5-23）有三个步骤：先挖去近 40m 的砂石覆盖层，再修筑海堤、排空海水，最后进行钻石矿的挖掘、分选作业。海底砂矿的开采（图 5-24）需要利用大型海上采矿场——采矿船。采矿船驶至钻石集中的区域，将海底含钻石的砂石挖掘出来，而后进行分选。

图 5-23　海底钻石砂矿的开采

图 5-24　海底钻石砂矿的开采

（图片来源：Copyright of the De Beers Group of Companies）

（九）中国

中国（China）是世界钻石资源较少的国家。钻石矿主要分布在辽宁瓦房店、山东蒙阴以及湖南沅江流域。

图 5-25　山东常林钻石

常林钻石重 158.786 克拉，是我国现存最大的钻石。1977 年 12 月，一位农民在山东省临沭县华侨乡常林村田间松散的沙土中翻地时发现。

1950 年，湖南沅江流域首次发现具经济价值的钻石砂矿，品位低，分布较零散，但质量好，宝石级的钻石约占 40%。20 世纪 60 年代，先后在贵州及山东蒙阴找到钻石原生矿。山东常林钻石（图 5-25）原生矿品位高、储量较大，但质量较差，宝石级钻石约占 12%，且一般偏黄，以工业用钻石为主。70 年代初，在辽宁南部瓦房店（图 5-26）发现我国最大的原生钻石矿，该矿储量大，质量好，宝石级钻石产量高，约 50% 以上。

图 5-26　辽宁瓦房店 50 号岩筒钻石矿

Forever Love

第六章

Chapter 6

钻石的开采、加工与贸易

第一节

钻石的开采

一、世界钻石采矿业现状

据统计，2010 年全球钻石总产量达 1.3 亿克拉，总产值近 120 亿美元。全球钻石采矿业的经营者日益多元化，除传统的大型矿业公司外，还有各国政府的积极参与。近年来，更有一些珠宝零售企业开始进军钻石采矿业。

世界主要的钻石采矿集团有：戴比尔斯（De Beers）、俄罗斯阿尔罗萨矿业公司（Alrosa Co.Ltd）、必和必拓矿业公司（BHP Billiton Ltd）、力拓矿业公司（Rio Tinto Ltd）、哈里·温斯顿（Harry Winston）和列夫·列维夫（Lev Leviev）集团。

（一）戴比尔斯

世界最大的钻石矿业集团，下属 4 家负责开采的子公司：戴比尔斯联合矿业公司采矿公司（DBCM）、戴比尔斯加拿大公司（De Beers Canada）、戴比尔斯瓦纳（Debswana）、纳姆戴伯（Namdeb），分别在南非、加拿大、博茨瓦纳和纳米比亚进行钻石勘探与开采。2012 年，戴比尔斯钻石产量达 2787 万克拉，销售总额近 61 亿美元。2012 年 8 月 16 日，英美资源集团（Anglo American）宣布以 52 亿美元收购戴比尔斯公司 40% 的股份，其持有的戴比尔斯公司股份增至 85%。

（二）俄罗斯阿尔罗萨矿业公司

俄罗斯国有企业，十强企业之一，控制了俄罗斯钻石总产量的 94%，钻石产量占全球的25%。2011年，其钻石产量达3460万克拉，销售总额超过44亿美元。

（三）必和必拓矿业公司

全球第一大矿业公司，总部位于澳大利亚墨尔本，以经营石油和矿产为主。必和必拓公司拥有的加拿大艾卡迪（Ekati）钻石矿是世界最大的高质量钻石矿之一。2012年年底，该矿80%的股权以5亿美元出售给了美国珠宝公司哈里·温斯顿（Harry Winston）。

（四）力拓矿业公司

全球第二大矿业公司，业务集中在澳大利亚和美洲，旗下的钻石矿包括澳大利亚阿盖尔（Argyle）矿、加拿大戴维克（Davik）矿及津巴布韦Murowa矿。

（五）哈里·温斯顿

世界顶级珠宝企业哈里·温斯顿，是为确保钻石来源而进军钻石采矿业为数不多的珠宝企业之一，现拥有加拿大最大的两座钻石矿艾卡迪和戴维克的股权。

（六）以色列列夫·列维夫集团

以色列列夫·列维夫集团在俄罗斯、安哥拉、纳米比亚等国拥有钻石矿。

二、钻石矿床的开采

钻石矿床的开采包括原生矿床的开采和次生矿床的开采。钻石矿床的开采过程十分复杂且技术难度较高，需要凭借机械和人力进行爆破、挖掘、运输、冲刷、分选等众多步骤。开采矿床要进行详细勘察和可行性研究，综合考虑矿床品位、矿床类型、气候地理条件以及矿床基础设施等因素。

钻石矿石的品位是指矿石中钻石的单位含量，常用每百吨矿石中含有钻石的克拉数表示（图6-1）。不同矿区的钻石品位有所差别，如2012年博茨瓦纳奥拉帕（Orapa）钻石矿区品位达每百吨90.5克拉、南非维尼夏（Venetia）矿区达每百吨54.6克拉、加拿大维克多（Victor）矿区达每百吨22.6克拉，而纳米比亚奥兰治河（Orange River）矿区仅为每百吨1.8克拉。钻石矿石的典型品位按重量计约为千万分之一，即获得1克拉钻石

图6-1 钻石原石
（图片来源：国家岩矿化石标本资源共享平台 www.nimrf.net.cn）

需开采约2t矿石。

（一）原生矿床的开采

原生矿床开采形式有露天开采（Open Pit Mining）和地下开采（Underground Mining）。

1. 露天开采

剥离岩筒顶部上覆物后，将矿区进行水平分层，逐层向下，在基岩上分梯段开挖矿石。为减少出现滑坡等危险，矿场做成阶梯状，每个台阶（梯段）呈螺旋状向下，以便地面运输工具抵达每期开挖的最低台阶，矿坑深度可达300m。采矿时，在梯段边缘打上炮眼进行爆破，用卡车运出矿石（图6-2）。

图6-2 钻石矿的露天开采

（图片来源：Rob and Stephanie Levy，Wikimedia Commons，CC BY 2.0 许可协议）

2. 地下开采

在稳定的围岩中布置竖井，从竖井打通水平巷道至钻石岩筒中进行开采，最终经竖井将矿石运至地表，开采深度可达地下900m。开采方法包括矿房法（Chambering）、矿块崩落法（Block Caving）和分段崩落法（Sublevel Caving）等。

（1）矿房法

采矿区域分为矿房和矿柱，通过围岩竖井开采矿房，即从上至下依次挖掘穿过岩筒的水平巷道，相互间隔约14m（图6-3）。做好平巷后，爆破巷顶，使上部平巷的矿柱崩落，并运走崩落的材料。

矿房法开采安全、开采量可控，但劳动强度大、通风困难、方法较老，现已被矿块崩落法取代。

（2）矿块崩落法

岩筒蓝地（新鲜的金伯利岩为暗蓝灰色，故称蓝地；经风化作用后变为黄色，称为黄地）底部被采出后，矿块失去支撑，自行破碎崩落，沿通道经漏斗进入平巷，落入矿车通过运输巷道进入竖井送去破碎，在竖井底部经破碎机破碎后再运至地面（图 6–4）。在每个平巷下方，矿石在矿车中沿运输巷道搬运。直至金伯利岩与上覆物贯穿，矿石中出现废石时结束，再开采下一个平巷。当上一个平巷的开采接近完成时，下一个平巷已准备就绪，同时分析评估再下一个平巷的开采价值。

矿块崩落法低价高效，手工劳动量低，但开采前需精心设计计算，并随时调整工程布置，以确保开采量。

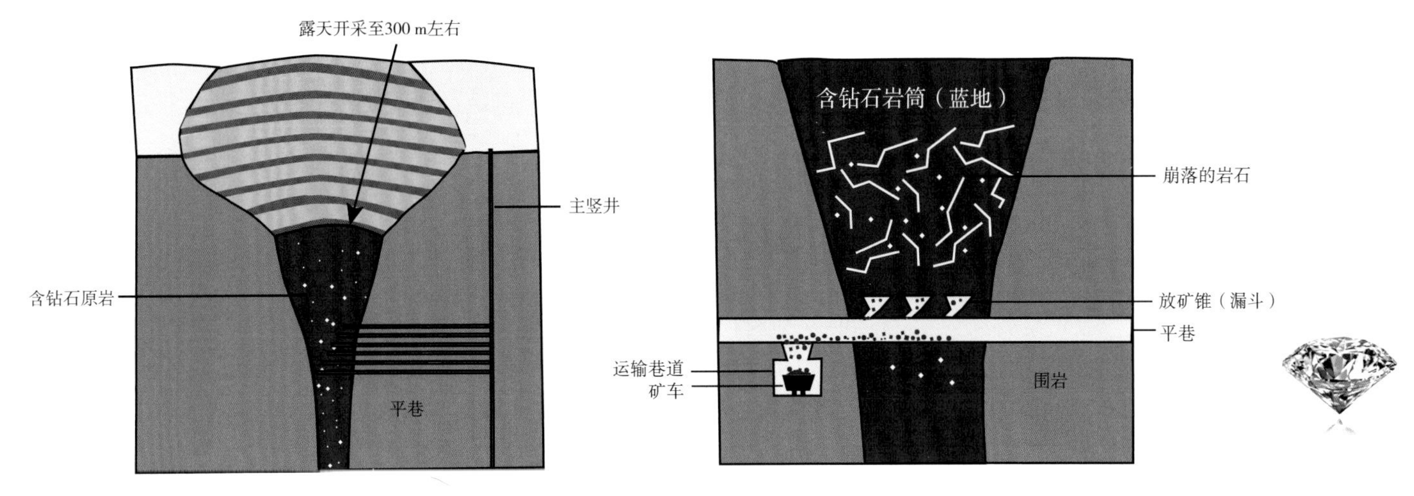

图 6-3　矿房法示意图　　图 6-4　矿块崩落法示意图

（3）分段崩落法

分段崩落法是矿房法和矿块崩落法的结合，适用于接近岩筒根部（直径变小）的开采。建立平巷，在平巷一侧的围岩与金伯利岩之间挖掘垂直截槽（宽度约 3m），并反向钻出扇形布置的炮眼，爆破后矿石落入平巷，装入矿车送至地表。

分段崩落法可以一直开采到最后阶段，但投资较多。

（二）次生矿床的开采

次生矿床的富集程度不如原生矿床，但单颗钻石的价值高于原生矿床，这是由于宝石级钻石在河流、海洋、冰川等搬运的地质过程中几乎不受破坏而保留下来。次生矿床的开采主要有河流矿床的开采（Alluvial Mining）和海岸带开采（Marine Mining）。

1. *河流矿床的开采*

赋存于现代河流中的砂矿为湿矿床（图 6–5、图 6–6），古河道中为干矿床。

图 6-5　塞拉利昂科诺地区现代河流中钻石矿的开采

图 6-6　巴西米纳斯吉拉斯州冲积型钻石砂矿
（图片来源：Rob Lavinsky，iRocks.com，Wikimedia Commons，CC BY-SA 3.0 许可协议）

湿矿床的开采有挖掘和河流改道两种方法。挖掘法采用吸扬式挖泥船抽吸水和矿石，将水排出回收矿石后，检查所有挖出物寻找钻石。废物可卸至已挖掘的地方，或倒入驳船卸到岸边。河流改道法是在河流转弯处挖掘分水渠改道至另一个河湾，并筑起堤坝，抽干河段后，采用索斗铲和自卸车挖掘，获取钻石矿砂。

干矿床开采在古河道中进行，包括剥离上覆物，采出含有钻石的砾石，清扫基岩，检查确认无钻石残留在裂隙、冲沟或洞穴中。

2. 海岸带开采

海岸带钻石矿床，是指已露出海面并呈平行阶地分布的古代海滩，以及现代海滩沉积物。沿纳米比亚大西洋海岸带和南非纳马夸兰古海滩阶地是最富饶的海岸带钻石矿床。

古海滩矿床的开采首先应剥离上覆物，露出由细砂、卵石等组成的海滩沉积层，沉积层与其所含钻石会被天然碳酸钙胶结，形成钙质胶结砾岩，在其上钻孔爆破后，露出基岩的洞缝中会富集钻石，需用工具或水力清扫进行收集。海上开采区域主要在高水位标记之外 200m 和高潮位以下 20m 范围内。海底开采成本较高，危险性也较大，只有在钻石品位富集时才能获利。

（三）钻石的回收选取

从矿石中选取钻石的过程有三个阶段：破碎分离、选矿和回收。整个过程充分利用了钻石特有的性质，如密度大、亲油疏水性、发光性等。

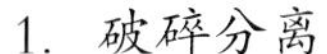

1. 破碎分离

矿石的破碎分离从采矿阶段开始，终止于最终粉碎阶段，包括破碎、筛分、洗矿、磨矿等。

2. 选矿

选矿采用旋转淘洗盘、矿物摇床和重介质分离器等设备去除大部分废料，工作原理是利用比重差异（钻石比重为 3.52，含有钻石矿石整体比重为 2.6）。

旋转淘洗盘的钉齿耙转动使破碎的金伯利岩与水混合形成的泥浆状混合物保持悬浮，钻石等较重矿物沉到底部后被推到盘的外缘，较轻的物质则上浮到表面后进入溢流圈排出。

矿物摇床是将矿石堆放在筛子上，水流快速脉冲式上下运动，较重物质沉到底部，较轻者则上浮。

重介质分离器是利用比重差异，将磁铁矿、硅铁粉或方铅矿等倒入水中搅拌，形成悬浮液（密度介于钻石和多数废料之间），破碎的矿石与悬浮液混合后，废料上浮到表面而排出，钻石在底部富集。

3. 回收

从精矿分离出钻石原石的过程称为回收。常用方法有油脂选矿法、X 光电选矿法、表层浮选法、磁力选矿法及手选法等。

油脂选矿法是依据钻石的亲油疏水性，将精矿和水倒在涂抹油脂的传送带上进行筛选的方法。钻石会黏附在油脂上，其他矿物则会被水冲走。油脂层沾满钻石后，刮起油脂放入细金属筛布置成的封口容器里，放入热水中溶化油脂，留下钻石。

X 光电选矿法采用 X 射线分选机（图 6-7）实施分离。X 射线分选机由一个 X 射线源、一个用来记录 X 射线下发生荧光反应的光电倍增管和一个检测荧光反应的空气喷射器组成。钻石在 X 射线下发荧光，空气喷射器检测到荧光后，将钻石喷离，使钻石与其他无荧光矿物分开。

最终回收仍需人工手选，此过程在手套箱里进行。将一堆精矿平铺，分选者挑出钻石放入槽中。

图 6-7　X 射线分选机

第二节

钻石的加工

一、钻石加工业的发展历程

14 世纪，钻石切磨技术从印度流传至欧洲威尼斯，拉开了欧洲现代钻石加工业的序幕。15 世纪初，法国巴黎和比利时安特卫普发展成为钻石加工中心，并在近两个世纪的时间里，占据着国际钻石加工市场中最重要的地位。17 世纪，荷兰阿姆斯特丹的钻石加工业崭露头角，并很快取代了巴黎，到 19 世纪甚至超越了安特卫普。第二次世界大战后，欧洲钻石加工业曾一度低迷，国际钻石加工业重新洗牌，逐渐形成了如今的比利时安特卫普、以色列特拉维夫、美国纽约、印度孟买四大钻石加工中心。

时至今日，俄罗斯、澳大利亚、加拿大及非洲的钻石产出国，也在大力发展本国钻石加工业。此外，随着泰国以及我国钻石加工业的发展，其切磨中心的重要性也与日俱增。

二、钻石的加工过程

钻石的加工可分为四个阶段：设计标记（Designing）、分割（Dividing）、车钻（Bruting）、抛磨（Polishing）。

（一）设计标记

设计标记是加工者综合考虑重量、形状、解理、双晶、颜色变化、净度等因素，在钻石原石上标出最合理的锯开或劈开位置，是钻石加工中的重要一环。设计原则为保重、求净、适销、省工。传统设计标记方法使用的主要工具有放大镜、油性标线笔等。

根据原石的不同特点，加工方法也有所不同。八面体钻石原石可切磨成两个标准圆钻型钻石，基于克拉溢价的原因，通常设计分割成一大一小（图6-8）。如钻石中有明显的包裹体，设计师通常会考虑原石如何取向分割能获得最佳经济回报。包裹体应尽量除去，或置于不明显的位置，在求净的同时也要力求保重。如包裹体位于原石中心，分割就沿包裹体所在的线进行，以得到两颗净度和重量相同的钻石，而非一颗较大的瑕疵钻和一颗较小的洁净钻（图6-9）。当外皮呈雾状看不清内部时，设计师会“开窗”（在八面体棱线位置磨出小面）观察内部特征后再进行设计。

变形的八面体原石可切磨成花式琢型。钻石的外观颜色会因不同的琢型而加强或减弱，若强调原石的黄色调，使加工后的成品钻成为颜色更加鲜艳的彩钻，可以不采用标准圆钻型而切磨成公主方型等花式琢型以加强颜色。

劈钻标线时，沿解理面方向（平行八面体晶面）标出劈开面的一边或两边，用油性标线笔在晶棱上标注开口点。锯钻标线沿立方体或十二面体晶面方向进行，锯切面与四次对称轴垂直倾斜（以15° 为限）。成形钻（Makeable）（颗粒钻，不用劈锯，一颗原石就做一颗成品钻石）用标线笔标出台面位置和底尖位置。现在设计师也可以使用电脑辅

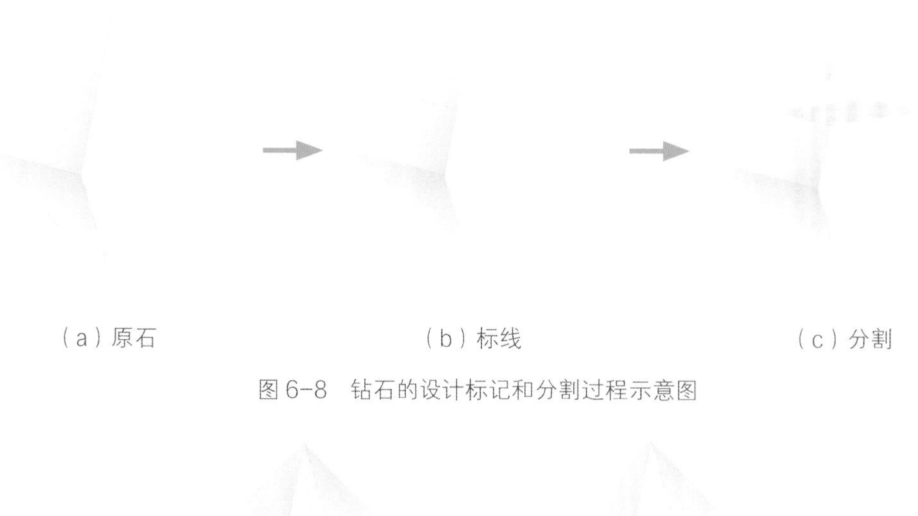

（a）原石　（b）标线　（c）分割

图6-8　钻石的设计标记和分割过程示意图

（a）包裹体位于八面体原石中心　（b）沿包裹体的分割线

图6-9　包裹体位于钻石原石中心的设计标记示意图

助设计，根据影像处理软件投射的原石外形，确定最佳收益和切磨方案，并可使用数位化模型全程监控切磨过程。

（二）分割

分割主要有劈钻（Cleaving）和锯钻（Sawing）两种方式。

1. 劈钻

劈钻（图6-10）利用钻石的八面体解理，将原石粘在木棒上固定，用一片尖锐的钻石在原石上划出一道槽（通常为解理方向），或用激光刻槽。在槽内压入钢制劈裂刀，用铁棒在刀背处猛力敲击使钻石沿解理面裂开。传统劈钻方法使用的主要工具有木棒、钢制劈裂刀和铁棒等。

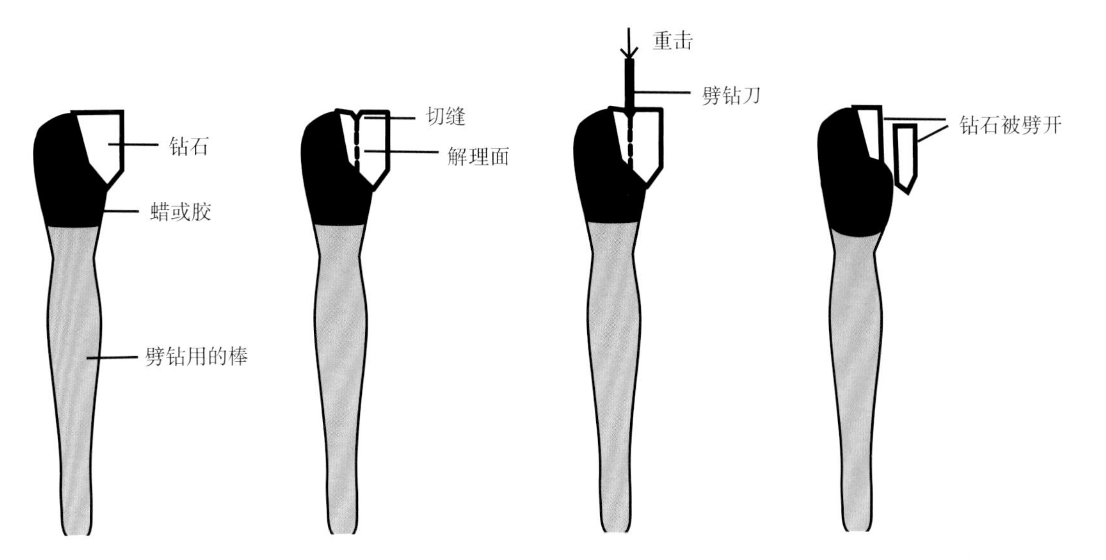

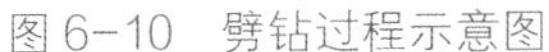
图6-10　劈钻过程示意图

劈钻工艺较为古老，迄今世界上最大的钻石原石库里南（3106克拉）就采用了劈钻工艺进行加工。其在现代钻石加工中使用已较少，多直接采用锯钻工艺。

2. 锯钻

锯钻利用钻石的差异硬度，将原石粘在粘杆上，接触涂有钻石粉和橄榄油的铜制旋转锯片（转速可达每分钟10000转）进行，可人工或用球形衡重器控制压力。锯片由磷青铜制成（图6-11），厚0.04 ~ 0.15mm，直径6 ~

图6-11　用于锯钻的磷青铜片，厚0.13mm，直径11mm

图 6-12　锯钻

11cm。传统锯钻方法使用的主要工具是锯机（由锯片、球形衡重器等组成）（图 6-12），锯钻过程中约消耗掉钻石重量的 3%。

激光锯钻比传统锯钻更快、更灵活，通过灼烧可以更精确地切磨不易切割的原石，消除了晶体方向的限制，使切磨设计自由度更大。但激光锯钻消耗钻石重量较多，除切割较难加工的钻石外，此法使用较少。

锯钻应注意按设计标线切割，还应注意钻石中裂隙的位置，以免钻石崩裂。

（三）车钻

车钻是指两粒钻石相互摩擦使钻石腰棱粗磨成型（图 6-13）。早期的车钻因手工操作，腰棱不是很圆。传统车钻方法使用的主要工具是利用动力传动的车钻机（图 6-14）。

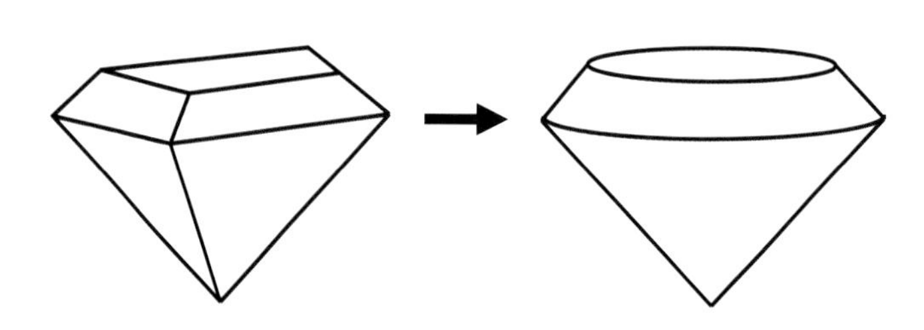
图 6-13　车钻过程示意图

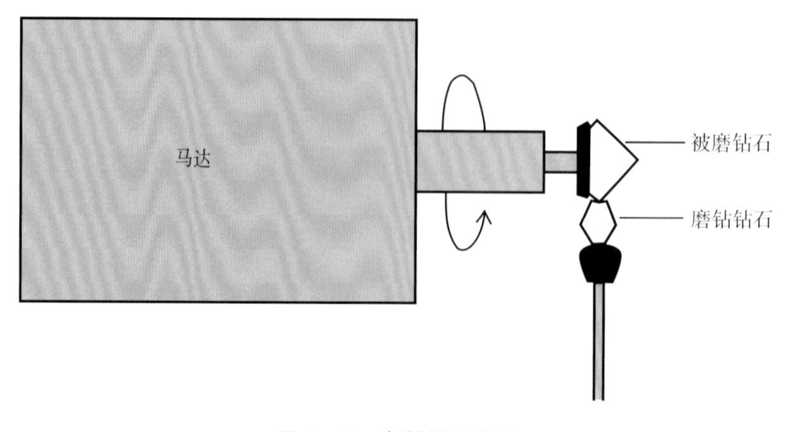

图 6-14　车钻机示意图

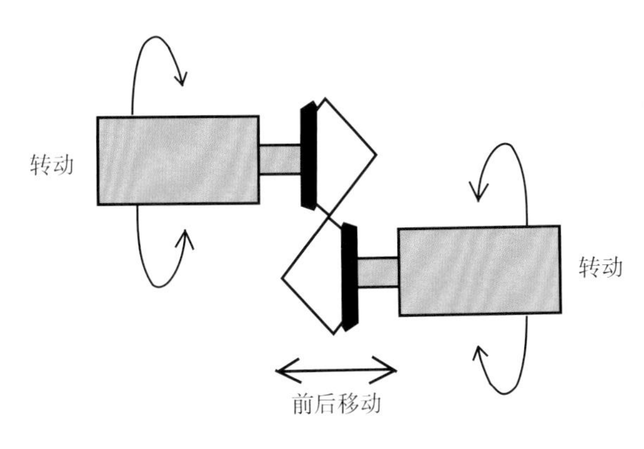

图 6-15　自动车钻机示意图

近年来全自动电动车钻机得到广泛应用。车钻机的两根心轴反向旋转，两颗钻石相互刮擦，既是工具又是工件，装石后其余工作可自动完成（图 6-15）。但自动车钻机的钻石消耗量大于手工车钻。激光车钻主要通过灼烧切磨成花式琢型，精确度较高，成本也较高。

车钻时两颗钻石相互摩擦力较大，可沿解理方向产生裂隙，形成须状腰，在抛磨过程中会根据须状腰对钻石的影响程度决定是否将其去除。较轻微的须状腰，可在抛磨过程中去除；较严重时，若去除后对钻石成品重量有较大影响，则予以保留，但会影响钻石的净度级别。出于保重的考虑，原始晶面在车钻过程中通常予以保留。

图 6-16　用于钻石加工的夹钳、夹嘴和磨盘

（四）抛磨

传统抛磨方法使用的主要工具有磨盘、夹嘴和夹钳（柄脚）（图 6-16）。夹钳用于固定夹嘴，夹嘴用于固定钻石，使钻石可以放置在转动的磨盘上，利用钻石的差异硬度进行抛磨。切磨师可以调整钻石与磨盘的角度。

磨盘为铸铁圆盘，直径约 30cm，厚约 2cm。磨盘主要有两种：一种在盘的表面刻槽，以留住钻石粉进行抛磨，将钻石粉拌入植物油，用泡沫塑料块均匀涂抹在磨盘上，成本较低，但损耗较快（图 6-17）；另一种将钻石粉直接压入磨盘，成本较高，但损耗较慢。

图 6-17　待维修的磨盘

图 6-18　抛磨钻石

抛磨过程中首先进行交叉切磨（Cross Cutting/Blocking），磨出前 17 个或 18 个刻面：台面、底尖（可有可无）、8 个冠部主刻面、8 个亭部主刻面。然后进行多面切磨（Brillianteering），磨出另外 40 个刻面：8 个冠部星刻面、16 个冠部上腰面、16 个亭部下腰面。

抛磨过程占整个加工流程的 50%~60%。磨盘的转速与磨削性能、钻石微粉的目数和密度、操作人员施加的压力、钻石的取向（台面选定和机头朝向）等均影响抛磨效率（图 6-18）。全自动钻石抛磨机等电子化设备可以确定每个刻面的最佳抛磨方向，在各个方面更加精确，效率可以提高 2 ~ 3 倍。但多数机器只能加工最终重量在 10 克拉以下的钻石，对于大件或形状特殊的钻石，仍采用人工抛磨。激光抛磨适用于加工各种花式琢型、孔眼、球形珠，也可以刻字或图案。

抛磨可使钻石表面产生抛光纹或烧痕，影响钻石的净度和切工级别。抛光纹为细密线状痕迹，在同一刻面内相互平行。烧痕为抛光粉黏附于钻石表面，由于摩擦过热燃烧产生的糊状疤痕。抛磨结束后，因钻石具有稳定的物理化学性质，再将其在硫酸中清洗，去除加工过程中残留的铁粉等杂质。

第三节

钻石的贸易

一、戴比尔斯与现代钻石产业的发展

提到现代钻石贸易，首先要了解戴比尔斯集团。世界钻石产业的发展与戴比尔斯密不可分，这是一个曾经一度控制着全球90%的钻石开采与原石贸易的庞大集团，其发展历程几乎可视为一部现代钻石产业的编年史。

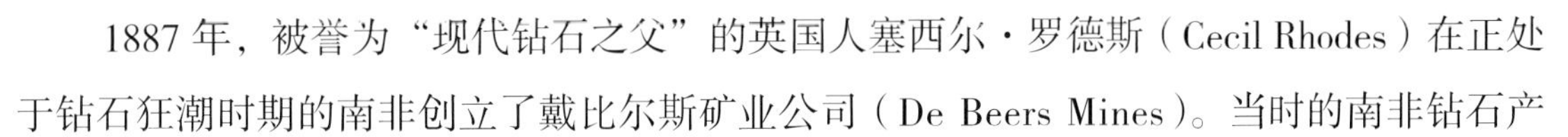

1887年，被誉为“现代钻石之父”的英国人塞西尔·罗德斯（Cecil Rhodes）在正处于钻石狂潮时期的南非创立了戴比尔斯矿业公司（De Beers Mines）。当时的南非钻石产业，由于大规模的无序开采和销售，致使钻石原石价格大幅下跌，许多小型矿业公司相继倒闭。罗德斯伺机收购了南非戴比尔斯矿区的大部分矿权。1888年，他又兼并了金伯利矿业公司，成立了戴比尔斯联合矿业公司（De Beers

图6-19　早期位于南非的戴比尔斯联合矿业公司

（图片来源：Copyright of the De Beers Group of Companies）

Consolidated Mines Ltd）（图 6-19），短短几年内快速垄断了南非的钻石原石贸易。1902 年罗德斯去世时，戴比尔斯已控制了全球 90% 的钻石矿开采业务。

1908 年以后，非洲的其他国家如安哥拉、刚果也陆续发现钻石矿，戴比尔斯联合矿业公司要从开采源头上绝对垄断已不现实，便开始将重心由钻石矿的收购向原石的收购与分销转移。1934 年，戴比尔斯公司在伦敦建立中央统销机构 CSO（Central Selling Organization），旗下的钻石公司（Diamond Corporation）专门负责钻石原石的收购，另一子公司钻石贸易公司 DTC（Diamond Trading Company）负责原石的销售。第二次世界大战后，全球的钻石原石销售都在戴比尔斯的控制之中，形成了一个独特的模式——以 CSO 为核心的单一渠道销售系统。在戴比尔斯于 19 世纪 80 年代出现后的一个多世纪中，其始终通过调节钻石原石供应量的方法操控国际市场的钻石价格走势，尤其是伦敦的中央统销机构 CSO 建立之后，戴比尔斯基本垄断了世界钻石贸易。从另一个角度看，这也避免了钻石市场随世界经济形势变化而急剧动荡，促进了钻石市场的健康发展。

图 6-20　永恒印记全球首家概念店落户莱百公司

直至 20 世纪 80 年代后，世界钻石贸易的格局开始发生转变，加拿大、澳大利亚、俄罗斯等国陆续发现新的大规模钻石矿。一些生产国开始通过 CSO 以外的渠道出口钻石，或发展本土切磨产业，戴比尔斯对钻石业的控制力逐渐下降。截至 2013 年，戴比尔斯仍控制着全球近 40% 的钻石原石贸易。

进入 21 世纪，戴比尔斯也在寻求新的定位，希望由“唯一的钻坯供应商”转变为“最佳供应商”。2000 年，戴比尔斯实行了大规模的公司重组，将 CSO 正式更名为钻石贸易公司 DTC（Diamond Trading Company），同时涉足钻石零售业，于 2001

图 6-21　戴比尔斯执行主要人员，菜百公司领导及演艺人员出席永恒印记开幕典礼及新品发布会等活动

年与奢侈品巨头法国酩悦·轩尼诗—路易·威登集团（Moët Hennessy-Louis Vuitton，LVMH 集团）共同出资成立了戴比尔斯钻石珠宝（De Beers Diamond Jewellers），并专注于开发钻石品牌永恒印记（Forevermark）（图 6-20、图 6-21）。

二、钻石原石贸易

（一）钻石原石的销售

钻石原石（图 6-22）开采出来后，紧接着进入流通环节，即钻坯贸易。目前，世界钻石原石的主要销售渠道仍是戴比尔斯集团的原有系统。全球 40% 的钻石原石通过戴比尔斯集团下属的钻石贸易公司 DTC 销售。进入戴比尔斯渠道的钻坯被分类后，通过“看货会”的方式分销给买家。剩余 60% 的钻石原石通过多条新的流通渠道销售。

1. 钻坯分类

与成品钻石分级类似，钻石毛坯根据重量、晶体形状、净度和颜色，划分为不同类型（Sorting）（图 6-23）。随后，按不同类别和一定数量装入看货包中。10.80 克拉以上的

图 6-22　钻石原石
（图片来源：Copyright of the De Beers Group of Companies）

图 6-23　钻坯分类
（图片来源：Copyright of the De Beers Group of Companies）

钻坯，通常作为特级品（Specials）不放入看货包，单独销售，因为只有少数看货商有能力和兴趣经手大颗粒的钻石。分类完成后，一部分进入 DTC 库存，其余进入销售渠道。

2. 选择性计划供应

DTC 的钻石原石销售，实施选择性计划供应（Supply of Choice）策略，即根据市场的需求适时调整钻石毛坯的价格及市场供应量，从而确保钻石市场价格平稳，促进钻石市场健康有序发展。另外，原石销售采用一种颇为特殊的方式——看货会。

3. 看货会

这一机制创立于 1939 年，由 DTC 邀请符合一定条件的看货商来选购钻石原石。看货会（Sight）每年举办 10 次，每次为期 4 天。早期看货会集中在英国伦敦和南非伊斯坦布尔，现在则在英国伦敦、南非金伯利城、博茨瓦纳哈博罗内、纳米比亚温得和克和加拿大多伦多5个地方同时举行。每次看货会可达成数亿美元的交易。

4. 看货商

确定看货商（Sightholder）的资质需要考量多种因素，如业界信誉、大宗购货能力及成品销售能力等。DTC公布的2012—2015年看货商名单中共有82家公司，包括钻石批发商、预置商（将原石劈开或锯开，供应给其他加工商）、钻石切磨商、首饰生产商和零售商。

图6-24 看货商正在观察看货包中的钻石
（图片来源：Copyright of the De Beers Group of Companies）

看货会前，第三方独立的经纪公司会将DTC的政策信息转达给看货商，经看货商与经纪公司商议后，将所需货品类型和数量提前3周告知DTC。DTC按其所需，提前准备货样，并将货样放在特制的看货包中。

看货时，看货商被安排在单独的房间里，内有工作台、钻石灯、电子秤及电话等，买家检查看货包中的货样是否符合要求，然后决定是否购买（图6-24）。除特级品外，均不接受议价。交易达成后，钻石仍由DTC保管，付款后，以特制的包装送至看货商。

5. 网络销售

戴比尔斯90%的钻坯通过看货会的形式销售，另外10%的钻石则通过网络销售平台Diamdel，以在线拍卖（Online Auction）的形式销售给注册拍卖会员（RAPs）。

（二）金伯利进程证书制度

2000年5月，为遏制“冲突钻石”（产自与国际公认的合法政府对立的部队或派别控制地区的钻石，其收入常用于资助反政府或违反安理会决议的军事行动）交易，维护非洲地区的和平与稳定，南非、博茨瓦纳、纳米比亚等非洲国家发起了针对国际钻石贸易的政府间论坛，即金伯利进程（Kimberley Process）。

2002年11月，联合国大会通过了金伯利进程国际证书制度（Kimberley Process Certification Scheme，KPCS），自2003年起正式实施。这项制度规定，每一批出口的毛坯和半成品钻石必须密封在防损容器中，并附有金伯利进程成员国政府签发的KPCS证书。进口未附有KPCS证书的毛坯钻石，或向非金伯利进程成员国出口毛坯钻石，都是被禁止的。

至2012年，金伯利进程的成员国达到80个，囊括了世界主要的钻石生产国、加工国和贸易国。我国于2003年起，实施金伯利进程证书制度，现由国家质检总局进行监管，出入境检验检疫机构执行。

三、成品钻石贸易

（一）世界钻石交易所

经过加工的成品钻石，以及戴比尔斯销售渠道以外的钻石原石，主要是通过世界各地的钻石交易所或钻石俱乐部（Diamond Bourse/Club），销售给下一级中间商、首饰制造商和零售商。这些交易所大多采用会员制的方式运作，所有会员都必须遵循交易所的规程进行交易。

钻石交易所的交易是定期举行的，卖家将钻石摊开让买家随意挑选。买家选好钻石双方可以讨价还价，但当商务合同上贴好“幸运和上帝赐福”的封条后，就再也没有反悔的余地了。成交之后，双方握手致意，并以犹太语“Mazel”互祝“愿此交易给您带来好运”。

目前，全球共28个钻石交易所，分布在各大钻石加工中心和国际贸易中心（表6-1）。其中，欧洲15个，亚洲7个，美洲4个，非洲与大洋洲各1个。我国的两个钻石交易所分别位于香港和上海。

表6-1 世界钻石交易所的所在城市

欧洲（15个）	安特卫普（4个）、特拉维夫（3个）、莫斯科（2个）、阿姆斯特丹、伊斯坦布尔、伦敦、米兰、维也纳、伊达尔-奥伯施泰因
亚洲（7个）	香港、上海、迪拜、东京、孟买、新加坡、曼谷
美洲（4个）	纽约、迈阿密、洛杉矶、巴拿马
非洲（1个）	约翰内斯堡
大洋洲（1个）	悉尼

（二）世界主要钻石加工与贸易中心

1. 比利时安特卫普

比利时第二大港口城市安特卫普（Antwerp），是世界著名的钻石加工中心和贸易中心，享有“钻石之都”的美誉。

安特卫普的钻石加工业有着500多年的历史，当地的钻石切磨师技术成熟、工艺精湛。安特卫普切工（Antwerp Cut）在钻石界享有盛誉，已成为“完美钻石切工”的代名词。至 20 世纪 70 年代，全球超过 80% 的钻石原石都是在这里加工的，近 2.5 万人从事钻石加工业。但近年来，随着印度等新兴钻石加工中心的崛起，安特卫普的钻石加工业已逐渐衰落。

钻石加工业的衰落并没有影响安特卫普继续成为世界上最重要的也是历史最悠久的钻石贸易中心，全球超过半数的成品钻石在这里交易。当地的钻石进出口享受免税优惠，吸引了大批钻石商贾。在安特卫普不足 1 平方英里（1 平方英里 ≈ 2.59 平方千米）的钻石区（Diamantkwartier）内，汇聚了上千家钻石公司。许多 DTC 重要看货商的总部均设于此。钻石从业者以犹太人与印度人为主。2011 年，安特卫普的钻石进出口贸易总额达 565 亿美元。

19 世纪末，安特卫普的钻石贸易已经十分繁荣，钻石商们自发聚集在当地的咖啡店里进行交易，形成了早期的钻石俱乐部。1893 年，世界上第一个正式的钻石交易中心——安特卫普钻石交易俱乐部，在佩利坚街（Pelikaanstraat）成立。现在，安特卫普共有 4 个各具特色的钻石交易所（图 6-25）。

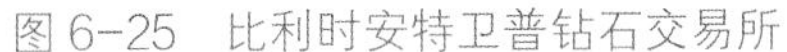
图 6-25　比利时安特卫普钻石交易所

2. 以色列特拉维夫

以色列特拉维夫（Tel Aviv）是仅次于安特卫普的重要钻石加工与贸易中心。特拉维夫工匠的钻石加工技术公认是全世界最先进的，拥有自动化的切割和抛光技术及经验丰

图 6-26　以色列钻石交易所外景

富的技术人员，尤以花式钻石的加工见长。

早期，流散的生活使犹太钻石商人和工匠遍布世界各地。他们先后在荷兰阿姆斯特丹、比利时安特卫普、美国纽约建立了世界上最具规模和影响的钻石加工及贸易中心。随着第二次世界大战的爆发，越来越多的犹太钻石商回到巴勒斯坦地区，钻石因价值不菲且携带方便，成为犹太人首选的随身携带物品，这为巴勒斯坦地区的钻石业发展提供了契机。以色列国成立以后，钻石加工业得到了政府全力扶持，如今已成为以色列的支柱型产业。

上千年的历史与近百年的运作经验，再加上专业的管理体制，成就了以色列钻石产业今日的辉煌。位于特拉维夫市城东的卫星城拉马特甘（Ramat Gan），是以色列钻石交易所和钻石工业研发技术中心所在地，也是世界重要的钻石贸易集散地。坐落于拉马特甘市中心的以色列钻石交易所（Israel Diamond Exchange，图 6-26）云集了 2500 家钻石厂商，是世界上最大的钻石交易中心，占地 9 万 m^2，由 4 幢摩天大楼组成，大楼间通过内部步行天桥互相连通，每天都有数以万计的业内人士在 4 幢大楼之间匆忙穿梭。

3. 美国纽约

美国纽约是世界金融贸易中心，许多知名的大珠宝商汇聚于此，对世界钻石贸易的影响力可与安特卫普、特拉维夫并驾齐驱。

美国钻石切磨业起源于1880年的波士顿，后来很快转移到纽约。20世纪30年代，大批来自欧洲的移民在曼哈顿商业区与住宅区之间靠近洛克菲勒中心（Rockefeller Center）的地段建立了钻石切磨厂，后来发展成如今的纽约钻石区。纽约寸土寸金，人力资源昂贵，钻石商倾向于切磨大颗粒高品质的钻石，以加工3克拉以上的大钻为主，世界顶级巨钻大多在此切磨。

纽约第五街和第六街之间的曼哈顿第47大街（图6-27），是举世闻名的珠宝一条街。这里被誉为美国珠宝业的“中枢”，纽约的钻石交易所（Diamond Dealer's Club）就隐藏在这条街上一栋不起眼的古老建筑里。这里的珠宝店主要是犹太人的家族店，很多已有上百年的历史。

图6-27　美国纽约曼哈顿第47大街外景
（图片来源：Google街景）

4. 印度孟买

印度是目前世界第一大钻石加工国，所加工的钻石总量占全球的90%。得益于廉价的劳动力，世界上大部分小颗粒钻石都是在印度切割的，包括澳大利亚阿盖尔矿产出的大量的小颗粒钻石原石。

孟买作为世界重要的钻石加工和贸易中心，已有几个世纪的历史。近年来，印度政府通过关税减免等优惠政策，致力于将孟买打造成为新的“世界钻石之都”。自20世纪初开始，印度西部港口城市苏拉特（Surat）的钻石加工业迅速发展，取代孟买成为印度最主要的钻石加工地。如今当地有近80万人从事钻石加工。

5. 中国

中国（China）的钻石加工业起步于20世纪80年代初。90年代以来，受世界经济形势影响和国家政策鼓励，钻石加工业进入了较快发展的时期。在短短30年的时间里，中国已发展成为仅次于印度的世界第二大钻石切割王国，钻石镶嵌规模位居世界第一，年钻石切割总量和钻石加工从业人数均位居世界第二。目前，全国共有80多家大中型钻石加工厂，主要集中分布在广东、山东和上海等地。如今，中国也是世界最大的钻石消费国，国内钻石产业优势明显，发展前景令业界看好。

（1）上海钻石交易所

上海钻石交易所（Shanghai Diamond Exchange，SDE，图6-28）成立于2000年10月，是经中华人民共和国国务院批准，设立于上海浦东的国家级要素市场。其按国际钻石交易所的通行规则运行，旨在为国内外钻石商提供一个公正、公平、安全并实行封闭式管理的场所。上海钻石交易所既是一般贸易下全国钻石进出口的唯一通道、海关特殊监管区域，也是一个非营利的、自律性的会员制组织。

由全体会员组成的会员大会，是上海钻石交易所的权力机构，实行自律管理。会员大会设理事会，理事会是会员大会的常设机构，对会员大会负责。理事会所有会员由大会选举产生。理事长由中国籍人士担任。理事会下设纪律、仲裁等专业委员会。

上海钻石交易所设在浦东金茂大厦内，拥有两个楼层共5422m^{2}的建筑面积。交易所内有设施齐全的交易大厅，一站式联合管理政府办事处，多家银行、保险、押运、鉴定等配套服务机构，上百间可供会员租用的高标准办公用房。

（2）香港钻石交易所

香港作为东亚最重要的国际钻石交易中心和中转站，汇集了全球各国一些主要的钻石珠宝企业。香港钻石总会（Diamond Federation of Hong Kong，DFHK）致力于增强和巩固香港作为亚洲钻石中心的地位及美誉，目前拥有220多名会员。

图6-28 上海钻石交易所外景

第七章

Chapter 7

钻石首饰的设计制作及精品赏析

第一节

钻石首饰的设计

象征纯洁与高贵的钻石首饰，总是被人们寓于最美好的情感和愿望。常见的钻石首饰有头冠、项链、耳环、胸针、手镯、戒指以及袖扣等。钻石首饰的设计首先从设计理念入手，融入各种美学概念，结合每一颗钻石的独特魅力，从一个总体思路出发，向几个方向进行发散想象，并选取最优方案，力求让每一款钻石首饰的设计都具有特别的含义和象征。从草图到定稿，通常都要花费较长的时间。设计风格独特的钻石首饰犹如一件件生动的艺术品，钻石和设计之间的巧妙搭配，凝聚了设计师们的奇思妙想和钻石工匠的巧夺天工，创造出一首首风格迥异、述说甜蜜故事的言情诗。

一、新古典风

人类在漫长的历史长河中创造出了灿烂的文明，新古典风就是充分汲取古今中外传统艺术之精华，对古典符号、图纹、样式等加以现代诠释，让钻石首饰既有古典之雅韵，又有现代之时尚。

恒星

银汉何寥廓，无数流光灿；

盈盈齐相拥，唯此生梦幻。

岁月可轮回，光阴任流转；

佩与心相印，唯此永不变。

晨露

是清晨的露珠，从荷上滑落；

是温馨的情愫，从耳畔吹过。

东方与西方交汇，经典与时尚融合；

流淌灵动的优雅，吟唱隽永的诗歌。

海的公主

回旋的造型似翻滚的浪花，

以时尚的优美向前；

精美的钻石似大海的奇珍，

以独特的华贵展现；

众星捧月般的魅力，

独占魁首般的快感。

福·禄

葫芦谐音“福禄”，可祛病辟邪，

提升运势，聚财进宝，寓意明朗。

抽象的设计风格，赋予了流行时尚；

精美的做工，完美的镶嵌，

柔美的线条，优美的想象；

将古典与现代融合，让婉约与时尚碰撞。

二、自然风

最完美的设计均来自于自然素材。人类从自然中来，也要回到自然中去。大自然处处都是取之不尽的美丽构想，设计中采用自然原始的形与物，简单的线条，无拘束的比例，让钻石首饰拥有了生机勃勃、返璞归真的风采，感召着生活在大都市忙忙碌碌的人们去拥抱自然，在自然的静怡中获得精神上的休憩。

熠莲

水陆草木之花，可爱者甚蕃；

陶公独爱菊，唐皇怜牡丹；

濯清涟而不妖，出淤泥而不染；

中通外直，影绰香远；

喻君子之坚贞高尚，配钻石之永恒璀璨。

轻羽

因心之盈如翼，方形之轻如羽；

当在唇前细语，怕于指尖飞去；

飘逸灵动中彰显高贵，

坦荡华美中保留自己。

梦蝶

大自然蕴涵着无尽的灵感，

生命中存在着健康的永远；

优美的蝴蝶翩翩，群镶的钻石璨璨；

破茧成蝶，轮回无限，

因贞以忠，亘古爱恋。

绽放

璀璨的钻石组成花蕊，

矩形的钻石拥成花瓣；

中天的瑰丽闪烁，

周边的华丽烂漫；

每一个时刻都是最佳状态，

每一次选择都是人生顶点。

永远

犹如春之萌萌，夏之盈盈，栩栩如生；

凭藉钻石的心灵，固化玫瑰的造形；

生活永远富贵，爱情随形如影。

三、浪漫风

爱情是人类永恒的话题，钻石是表达爱意最浪漫最直接的信物。浪漫风格的钻石首饰，仿佛是用温柔细致的笔触，缓缓写下象征着美满爱情的符号，演绎出浪漫的情调，记录下永恒的时刻，伴随着爱的蜜语，表达出那一份真挚的爱恋。

家

精湛的钻石切工，展现出光的前景；

精巧的造型拼接，构建出心的相拥；

甜蜜与孕育，浪漫与宁静；

不离不弃，永远完整。

圆满的爱

爱是耳畔的弦，撩动爱的心旌；

爱是时间的静，凝聚爱的结晶；

钻石的永远，就是爱的证明；

造型的圆满，就是爱的成功；

不离不弃，相续相生；

天长地久，无尽无穷。

心经

是我先中了丘比特的箭？

还是你先中了丘比特的箭？

一箭双雕，将我们串联；

双心合一，让我们旋转；

共同奏响人生的乐章，

共同构建爱巢的温暖。

爱莲

居中的钻石璀璨晶莹，

周围的彩金倾情相拥；

绽放，如佛座之莲；

凝视，如心底之灯；

让富贵转化成美丽的优雅，

让祈盼转化成幸福的从容。

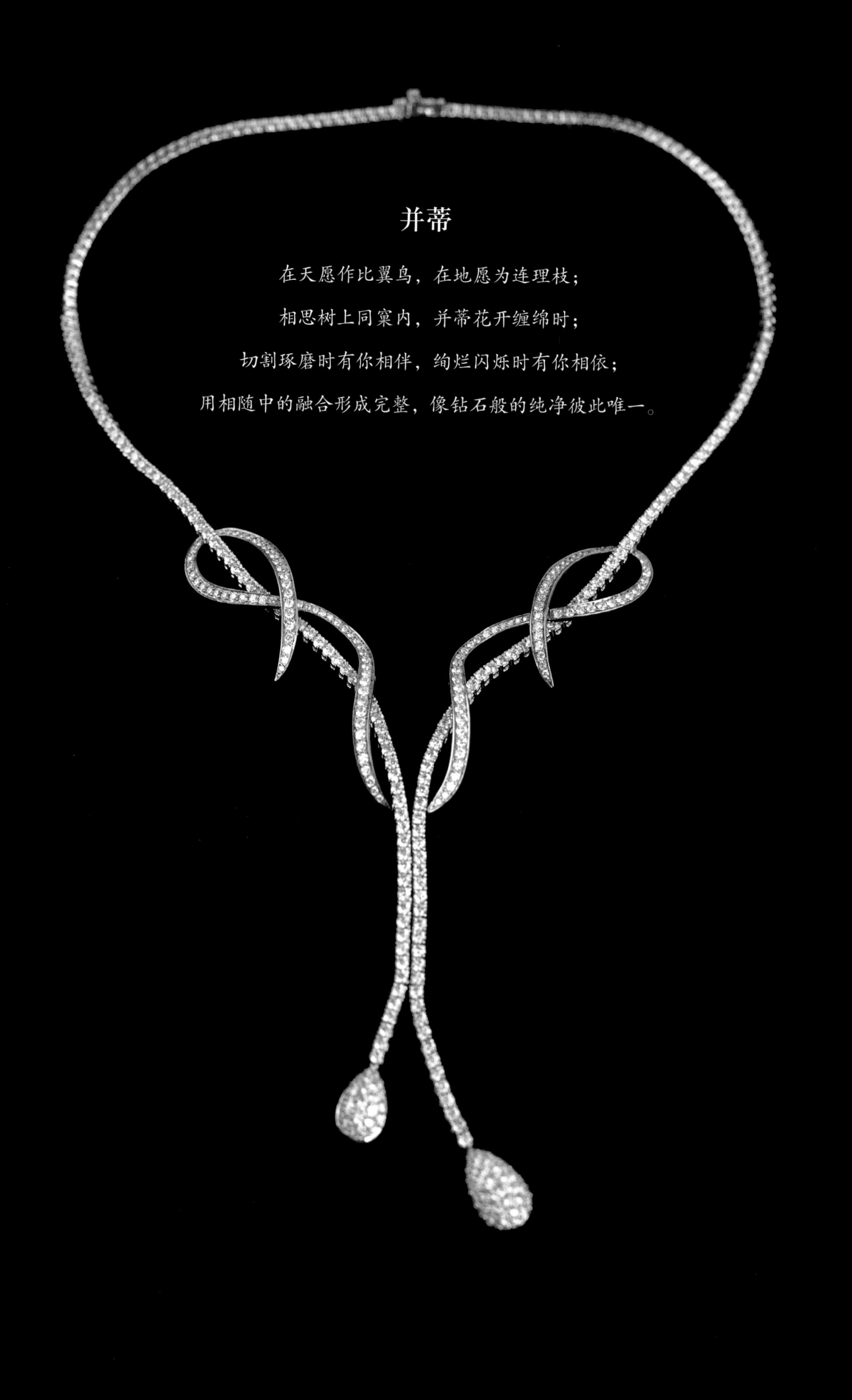
并蒂
在天愿作比翼鸟，在地愿为连理枝；
相思树上同窠内，并蒂花开缠绵时；
切割琢磨时有你相伴，绚烂闪烁时有你相依；
用相随中的融合形成完整，像钻石般的纯净彼此唯一。

四、个性风

自由与个性是现代人的普遍追求。个性风的钻石首饰具有意象化的造型，讲求独一无二。个性越鲜明，越有寓意，就越自由，越能彰显时尚品位和个人风采。抽象主义和超现实主义的概念化设计，可以组合出多种独特的现代风格，追求整体寓意和美感。

魔力之钥

用钻石的光明，

开启时尚的心灵；

用独一无二的别致，

展现与众不同的个性；

钥匙是事业成功的开始，

钥匙是爱情神圣的对应。

爱神之眼

爱的眼眸在钻石的围绕中求索；

不用表白，已然承诺；

我眼中的神情，你心中的思渴；

金属拉边宛如浪花朵朵，

叠层造势衬托星光烁烁。

拥幻

性格虽有丰富多彩的层面，

行为仍具执着稳固的切点；

用善良的内心展现美好，

让变幻的世界回归本源。

闪烁

密镶工艺的钻石群芳璀璨，

映射主人身上无数的闪光点；

奢华集中成简约，

光彩演绎成经典。

金蛇

蛇蜕皮如再生，是青春永驻的愿景；

蛇机敏而冷静，是生命永恒的象征；

精美的造型诠释自然，精湛的工艺孕育生动；

以钻石的瑰丽，装点你的成功。

闪耀

璀璨的钻石群镶成手链，构造出华丽高贵的整体；

强烈的现代感，弥漫着时尚的气息；

绚烂的群星会，激励着闪亮的自己。

五、简约风

简约风格的设计没有繁复的结构，返璞归真的简单造型恰到好处地勾勒出钻石首饰的优美和雅致，恰如其分地展现出钻石天然的纯洁与高贵，彰显经典隽永，简约而不简单。

花环

让素金与钻石环绕，
似树枝与花儿缠绵；
精致源于简约，
新意源于简单；
屏蔽都市的喧嚣，
享受清香的自然。

凝望

两侧铂金上群镶的小钻，
烘托出主石的纯净光芒；
简单但不直白，优雅蕴藏修养；
因一瞬而钟情，因吸引而凝望；
由眼帘坠入心底，将拥有地久天长。

唯一

唯一的独钻，如太极般浑圆，
直接的简单镶嵌，更彰显出璀璨；
一见的瞬间，一生的永远，
爱已深沉，情已无限；
你是我的唯一，我将你心独占。

第二节

钻石首饰的制作

图 7-1　简约风格钻石珍藏戒指

完美的钻石首饰来自钻石的天然光彩与贵金属设计造型的巧妙结合。钻石抛磨后，镶嵌于贵金属上，方能组成完美的钻石首饰。因此，镶嵌是钻石首饰制作的一个重要环节。精美的镶嵌工艺，巧妙的构思设计，不仅彰显钻石的特殊魅力，更诠释了钻石首饰所代表的深刻含义。就像一枚钻石婚戒，它不仅是一件珠宝，更是一份承诺，一份责任，一份期盼。如此珍贵的爱情信物只有镶嵌得完美庄重，才能见证爱情的永恒（图 7-1）。

钻石首饰的制作有 4 个基

本方法：冲压法、电铸法、失蜡浇铸法和手造法。

冲压法：即钢制模具锻造法。将首饰款式制作成钢制模具，将其固定在冲压机上，选用相应的金属板，冲压而成。

电铸法：制作蜡模，表层覆盖导电的石墨，连接电源负极，放置在含贵金属合金离子的溶液里，贵金属合金离子在蜡模上进行电镀。当蜡模表面的金属层达到一定厚度时取出，钻孔后加热，蜡融化流出，便得到中空的首饰。这个方法普遍应用在大件耳饰、项链和胸针的加工上。

图 7-2 首饰设计制作工作室

失蜡浇铸法：手工制作原模，用橡胶模型复制，灌注蜡模。再将蜡模嵌入石膏溶液，石膏固化后，烘干脱蜡，便得到中空的模型并熔金浇铸。可以将多个蜡模连接到中央蜡棒，形成蜡树，用于同时浇铸多个铸件。此法在定做首饰时最常用，也适用于大批量生产。

手造法：最古老的首饰制作方法，可以制作几乎任何款式的首饰，且每一款首饰作品都是独一无二的。每个工艺步骤都是完全用手工或人工控制的方法完成。从压片、压条、拔丝等备料过程开始，分件制作，摆坯焊接，最后成型修复。钻石首饰的镶嵌工艺以手工为主，技术要求高，操作难度大，大量运用镶、锉、錾、掐、焊等手工工艺，可制成各种款式和造型（图 7-2）。

一、常见的镶嵌方式

（一）爪镶

爪镶（Prong Setting）是最常见的镶嵌方式（图 7-3），即用尖、圆、扁、V 形、心形等金属爪固定钻石。爪镶可分为三爪镶、四爪镶（图 7-4）和六爪镶（图 7-5）。爪镶要求爪的大小一致，分布均匀，钻石台面保持水平而不倾斜。这种镶嵌方式使钻石更加突出醒目，从任一角度看起来都光芒四射。

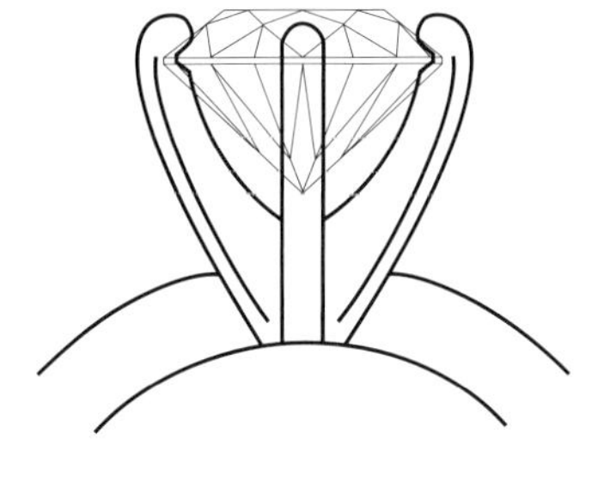

图 7-3 爪镶示意图

图 7-4　四爪镶钻石戒指

图 7-5　六爪镶钻石戒指

（二）包镶（折边镶）

包镶（Bezel Setting）采用金属边缘环绕钻石的边棱，将钻石包裹其中（图 7-6）。包镶的金属在为钻石提供更好保护的同时，也可以遮掩钻石腰围上可能存在的瑕疵。这一镶嵌方式在弧面型宝石上应用得较多。

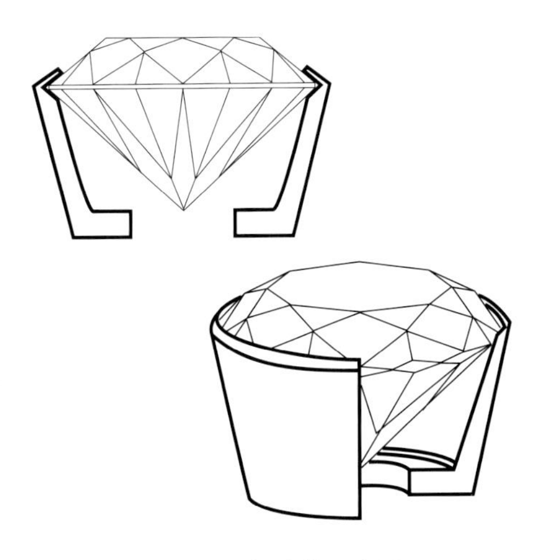

图 7-6　折边镶示意图

（三）钉镶

钉镶（Pave Setting）主要用于直径 3mm 以下圆刻面型小颗粒钻石的镶嵌，可分为倒钉镶、起钉镶和齿钉镶。

根据钉的数量和特点可分为两钉镶、三钉镶、四钉镶、六钉镶（梅花钉）、密钉镶、乱钉镶等（图 7-7 ~ 图 7-9。镶嵌多颗钻石时，根据钻石排列方式的不同分为线形、三角形、梅花形、规则群镶和不规则群镶等。

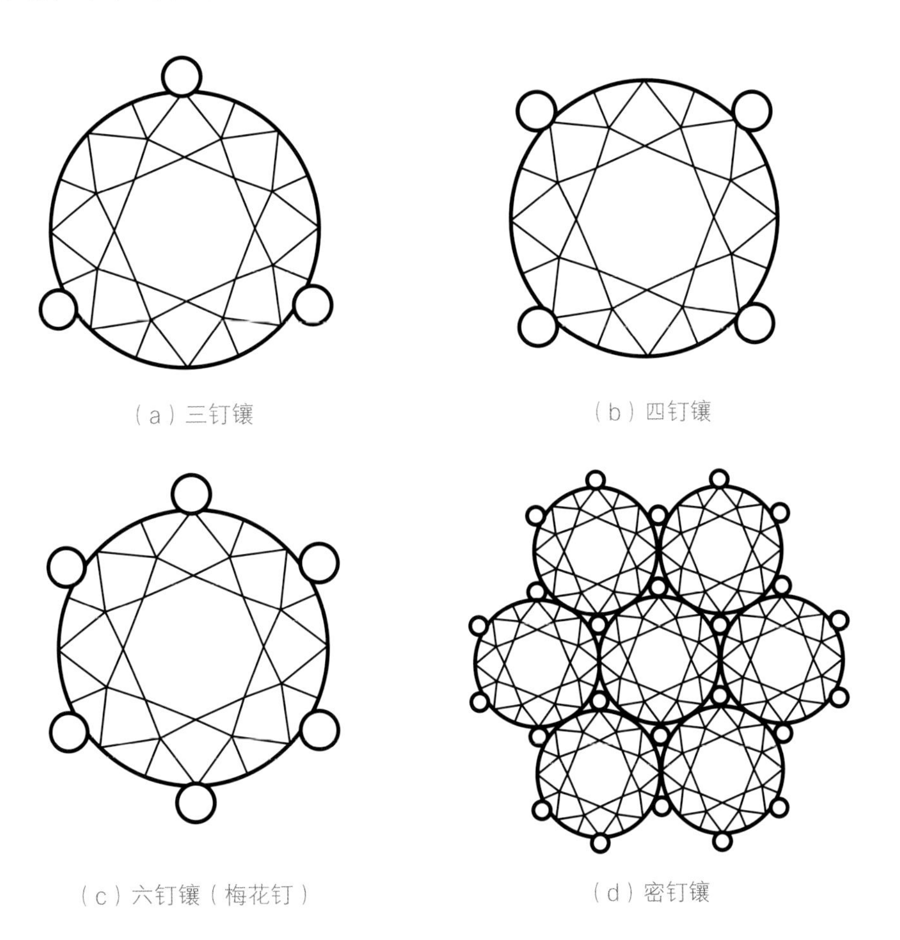

（a）三钉镶　（b）四钉镶

（c）六钉镶（梅花钉）　（d）密钉镶

图 7-7　钉镶示意图

(a)
(b)
(c)
图 7-8　四钉镶钻石手镯

（四）轨道镶（槽镶法）

图 7-9　钉镶钻石项链

轨道镶（Channel Setting）最早出自法国工匠之手，是一种在贵金属托架上打造出沟槽，再把钻石镶嵌于沟槽之中的方法（图 7-10）。直径相同的钻石，一颗颗连续镶嵌在轨道之中，钻石之间无金属分割。常用于环绕指环整圈镶嵌的小颗粒钻石（图 7-11）。

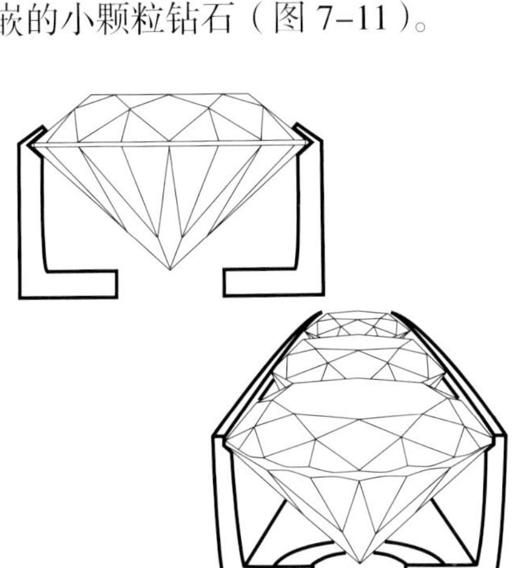

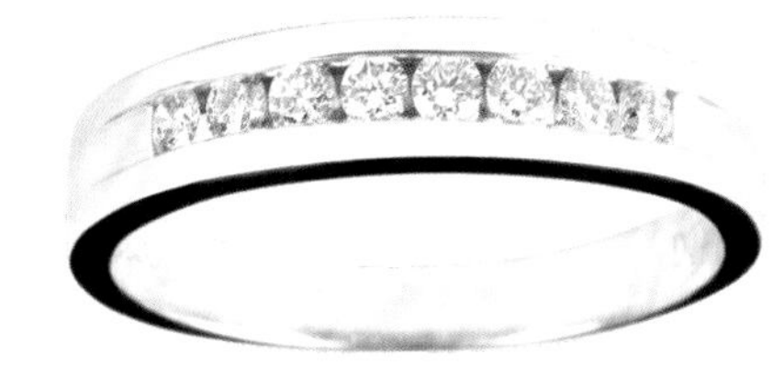

图 7-10　轨道镶示意图

图 7-11　轨道镶钻石戒指

二、常见的镶嵌款式

（一）单石镶

单石镶钻戒（Diamond Solitaire）是订婚戒指的首选，只有一颗钻石镶嵌在戒指上，采用爪镶可使钻石放射出最耀眼的光芒（图 7-12）。

（二）三石镶

3 颗钻石并排镶在一起，通常中间的一颗比两边略大，以突出中间的钻石（图 7-13）。意义非凡的三石镶钻戒（3-diamond Anniversary Ring）是结婚纪念日的新选择。有一种说法：3 颗钻石分别代表两人的过去、现在和未来。

图 7-12　单石镶钻石戒指

图 7-13　三石镶钻石戒指

（三）群镶

群镶（Group Setting）常见有簇镶（Cluster Setting）、永恒戒（Eternity Ring）等镶嵌款式。

1. 簇镶

将几颗较小的钻石镶嵌在一起，簇拥着中心一颗大的主石，突显主石光彩夺目的同时，配石的呼应又让主石更有一种众星捧月、脱颖而出的高贵之感（图 7–14）。

簇镶也可为较多的爪镶钻石以对称形式紧密排列。最典型镶嵌款式为 7 颗钻石簇镶，即 6 颗小钻石围绕中央较大钻石镶嵌，整体外观远看似单颗较大独钻。

图 7–14　爪镶和簇镶钻石戒指

2. 永恒戒

永恒戒是指一款围绕指环镶嵌一圈钻石的戒指。相应地，围绕指环镶嵌半圈钻石的戒指称为半永恒戒（图 7–15）。这一镶嵌方法最早出现于 18 世纪，是用其他宝石镶嵌而成。钻石永恒戒的设计理念是由戴比尔斯公司于 20 世纪 60 年代首次提出。通常用在庆祝结婚纪念日时送予妻子，象征永不停止的爱情。

图 7–15　钻石半永恒戒

第三节

钻石首饰精品赏析

公主的爱

传说比利时国王在心爱的女儿出嫁时，专门打造了一枚独特的正方形钻戒。

四个棱角分别代表疼爱、心爱、珍爱、情爱，闪烁的光芒象征着幸福的火焰。

历史的传说演绎出时尚的韵律，现代的思潮赋予了蓬勃的生机。

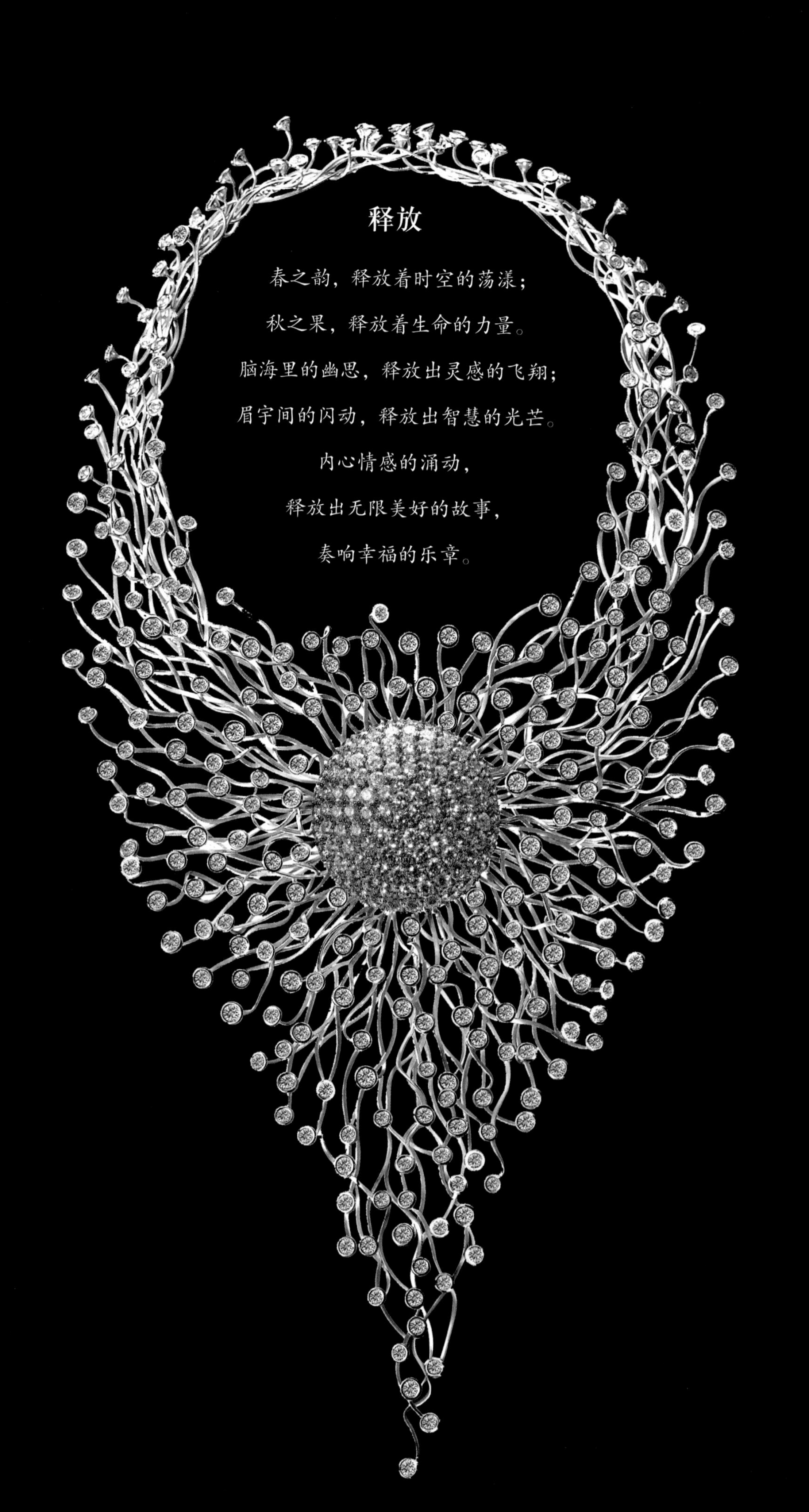

释放

春之韵，释放着时空的荡漾；

秋之果，释放着生命的力量。

脑海里的幽思，释放出灵感的飞翔；

眉宇间的闪动，释放出智慧的光芒。

内心情感的涌动，

释放出无限美好的故事，

奏响幸福的乐章。

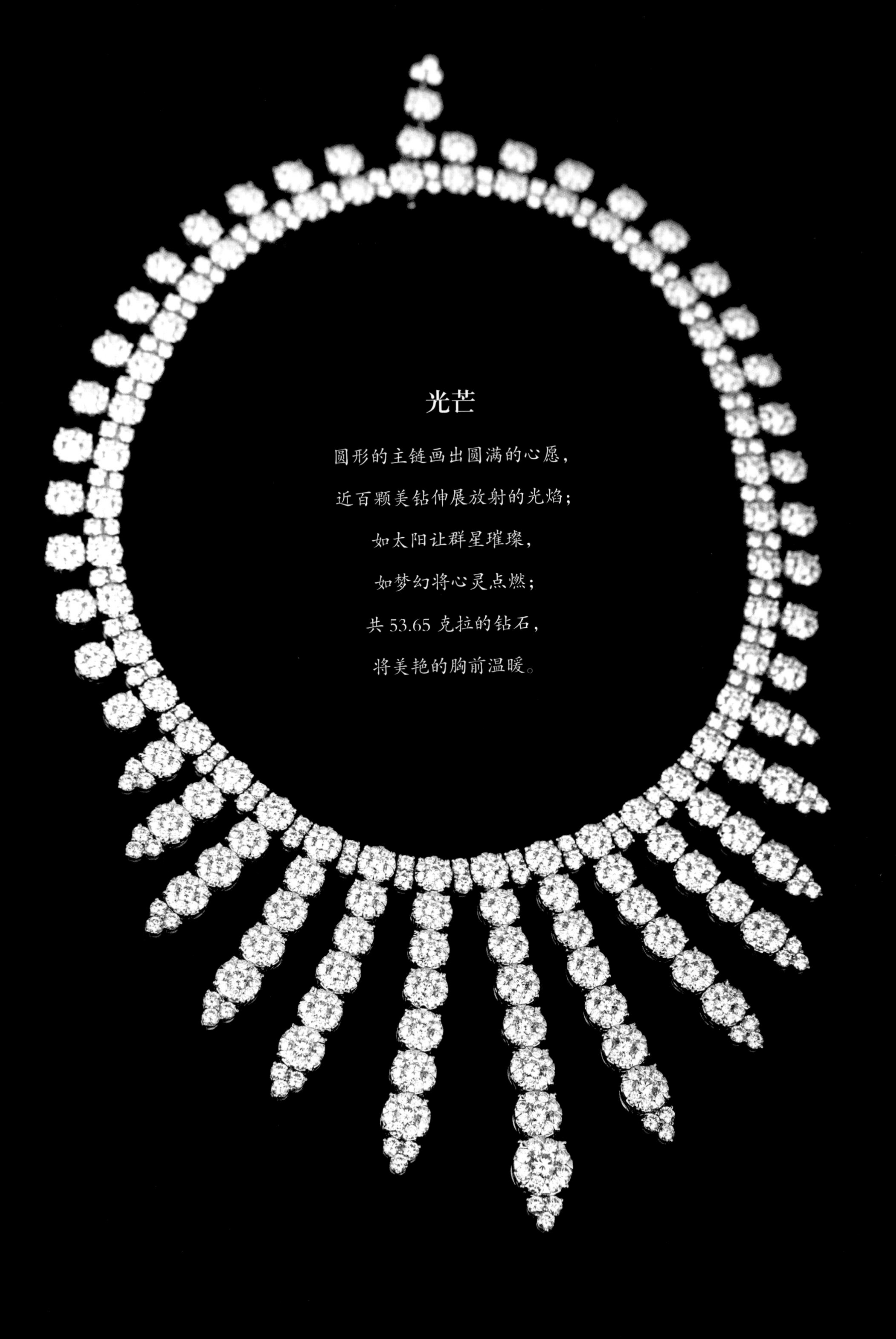

光芒

圆形的主链画出圆满的心愿，

近百颗美钻伸展放射的光焰；

如太阳让群星璀璨，

如梦幻将心灵点燃；

共 53.65 克拉的钻石，

将美艳的胸前温暖。

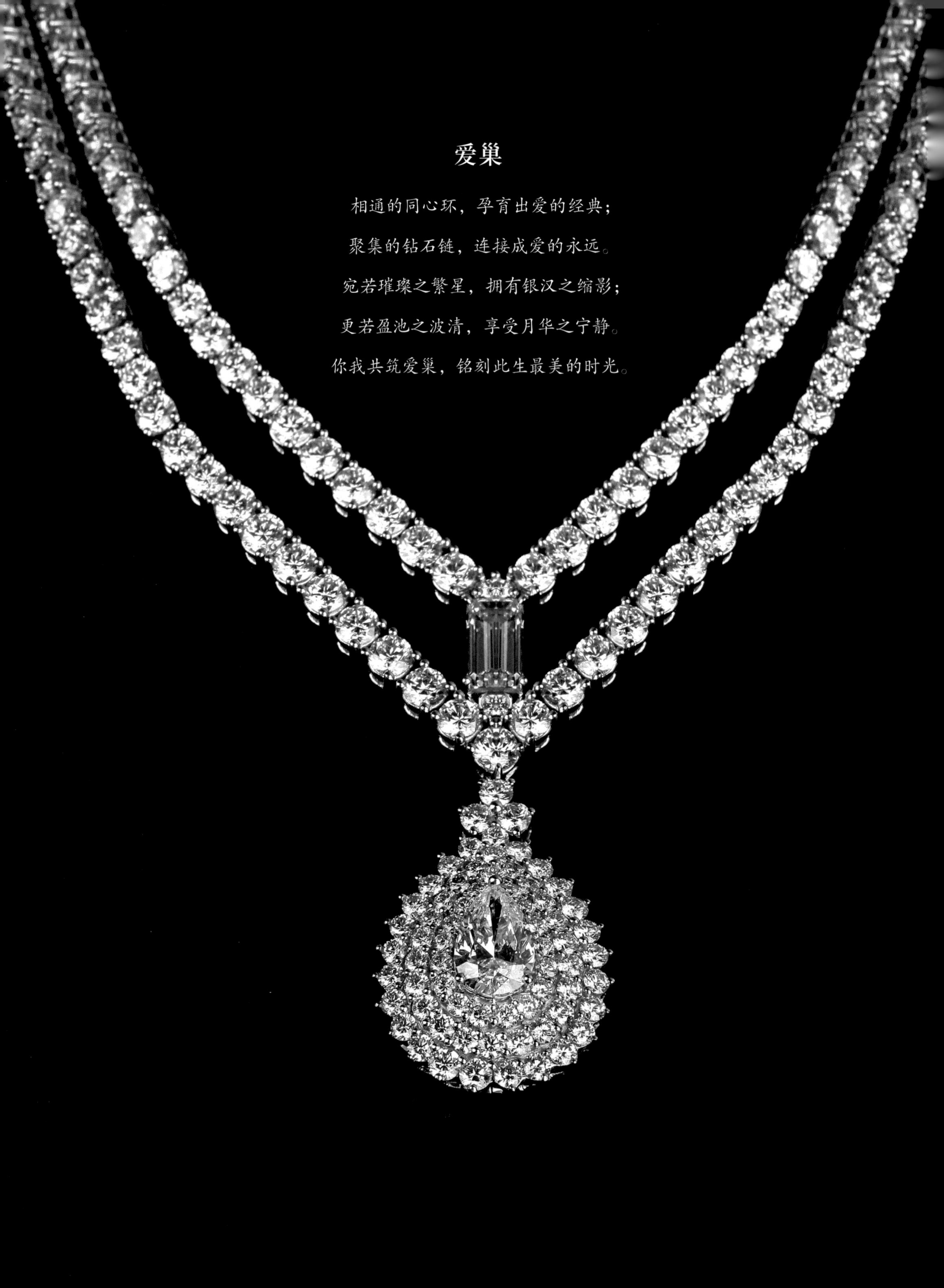

爱巢

相通的同心环，孕育出爱的经典；

聚集的钻石链，连接成爱的永远。

宛若璀璨之繁星，拥有银汉之缩影；

更若盈池之波清，享受月华之宁静。

你我共筑爱巢，铭刻此生最美的时光。

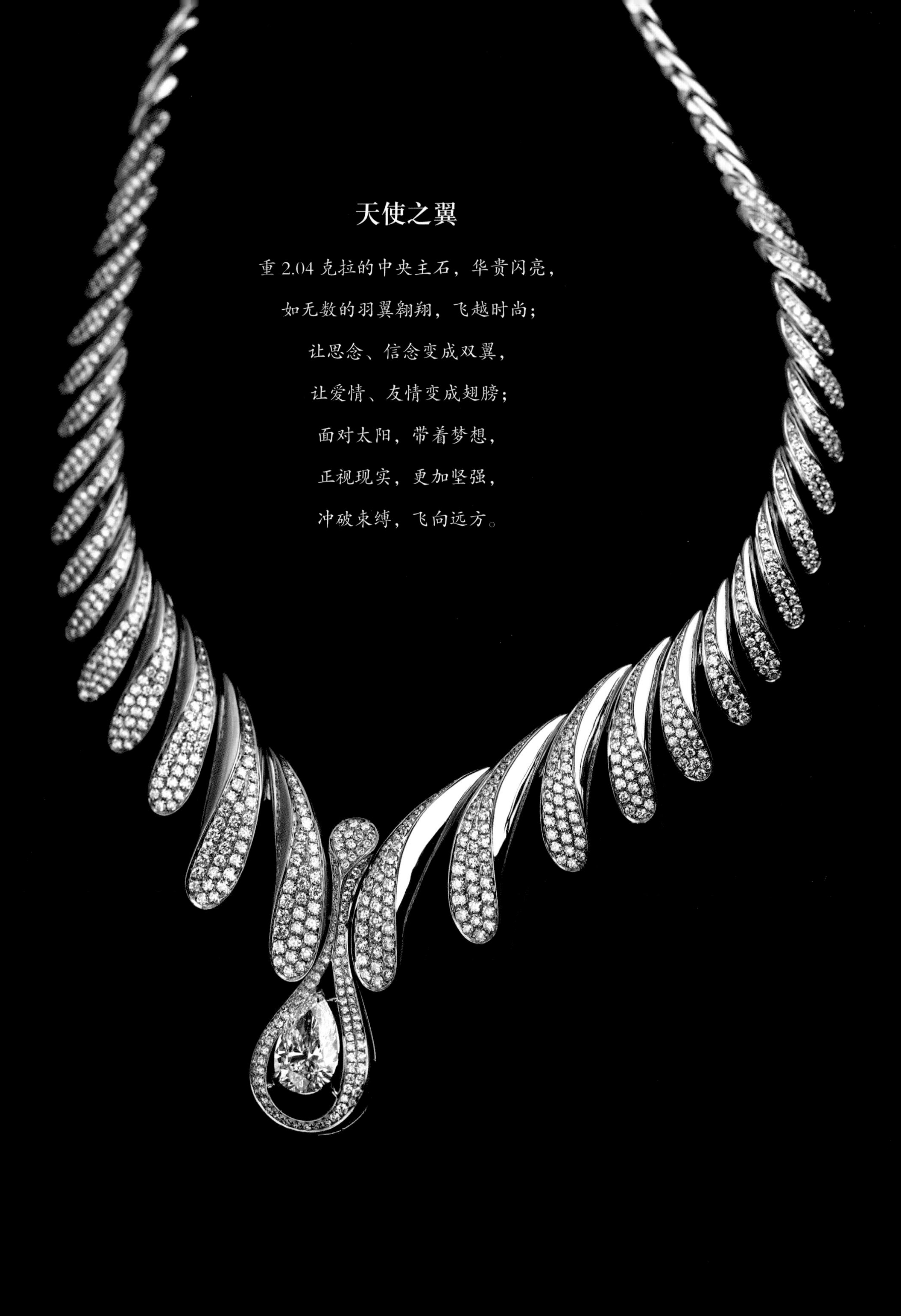

天使之翼

重 2.04 克拉的中央主石，华贵闪亮，

如无数的羽翼翱翔，飞越时尚；

让思念、信念变成双翼，

让爱情、友情变成翅膀；

面对太阳，带着梦想，

正视现实，更加坚强，

冲破束缚，飞向远方。

兰韵

永恒的钻石流淌你的柔情万种，

高雅的兰花展现你的风华超众；

佩美人兮，馥馥幽香染春风；

伴君子兮，卓卓风姿临月影；

睿智冰心，兼得才情风雅颂；

婀娜优雅，不输瑶池仙女容。

腾飞

任其电闪与雷鸣，

舒展甲鳞下九重。

喷浪张须沧海入，

撕云一片饰龙宫。

龙乃中国吉祥神兽，

大气磅礴，帝王象征；

镶嵌的钻石彰显华贵雍容，

内侧的钱币寓意财运亨通。

稀世黄钻——祝福

方型钻石的四个棱角分别代表疼爱、心爱、珍爱、情爱，

故造型独特、颜色鲜艳的方型钻石是对爱情和婚姻的最佳表白。

将黄色的方型钻石置于中央，又将黄色钻石在第一圈群镶，别出心裁。

外围的两层群镶，烘托出加倍的光彩，让浓浓的祝福充满心怀。

稀世黄钻——盛开

方型钻石将中心的黄钻围绕，华美钻石又将方型钻石拥抱；

中央的水滴形鲜艳闪耀，周围的花盛开娇艳妖娆；

如现代女性的独立进取、大胆奔放、典雅优美、自信新潮。

稀世黄钻——心爱

独特的戒指吊坠两用设计，以一当二，合二为一；

数十颗美钻围绕黄钻群镶，倾情环抱，华美灿熠；

金色的太阳光芒直射心底；晶莹的星星光彩润泽腮颐；

一心一意的坚贞，不离不弃的爱意。

第八章

Chapter 8

钻石价格的影响因素及选购

第一节

钻石价格的影响因素

图 8-1 特别珍藏版美钻项链
（钻石总重 35.527 克拉，其中 21 颗大钻重量共 22 克拉）

一、4C 对钻石价格的影响

4C 质量分级体系，即颜色、净度、切工和克拉重量，将市场上的钻石分为不同的等级，同时确定了其价格（图 8-1）。在选购钻石首饰时，首先要深入了解钻石的 4C 质量分级体系（本书第四章），了解其对价格的影响，并根据预算，选购合适的钻石首饰。同样克拉重量的钻石，其颜色、净度和切工级别不同时，价格会相差很大。

（一）颜色对价格的影响

真正的天然无色钻石非常稀少，价格也很高，越接近无色，钻石的克拉单价越高（图 8-2）；反之，从 D 色到 Z 色，钻石颜色逐渐变黄，克拉单

图 8-2　钻石吊坠及裸石

价也逐渐降低。钻石每个色级间的价格相差 10% ~ 15%，高色级（D 色至 H 色）钻石每个色级相差可达 30%，其中 D 色与 E 色相差可达 40%。重量为 1 克拉，净度为 IF 的圆钻，D 色价格约是 E 色的 1.5 倍。

彩色钻石的价格主要由颜色决定，净度和切工对其影响较小，颜色较稀少的钻石价格通常高于同质量级别的无色钻石。色调为红色的彩色钻石价值最高，其次为绿色、蓝色、粉色。黄色钻石较常见，价格相对较低，如黄色及褐色钻石，克拉单价约为同等品质无色钻石的 50% ~ 80%，但其颜色的明度、饱和度级别较高时，价格也会接近或超过相应等级的无色钻石。

部分钻石带双重或三重色调，如橙红色、灰蓝色、黄绿色等。除色调因素外，明度、饱和度达到艳彩（Fancy Vivid）级别（彩色钻石颜色分级体系，详见第四章钻石的质量分级）的彩色钻石价值最高。

图 8-3　钻石戒指

（二）净度对价格的影响

不同净度级别的钻石，价格也有差异（图 8-3）。1 克拉的圆钻，VVS_1 与 VVS_2 价格相差 4% ~ 25%，VS_1 与 VS_2 相差 4% ~ 20%，SI_1 与 SI_2 相差 5% ~ 20%；各大级之间的价格

图 8-4　钻石戒指

相差更大，IF 与 VVS_1 相差 4% ~ 45%，VVS_2 与 VS_1 相差 3% ~ 30%，VS_2 与 SI_1 相差 4% ~ 40%；P_1、P_2、P_3 各级价格相差也很大，P_1 与 P_2 相差 55% ~ 80%，P_2 与 P_3 相差 45% ~ 75%（数据来源于 2013 年 10 月 4 日 Rapaport 钻石报价表）。

颜色级别越高，净度级别不同引起的价格差距越大。无暇级钻石价格很高，色级为 D 色，净度为 IF 的钻石称为全美钻，是钻石中的极品，价格为同样大小钻石的 3 ~ 6 倍，近年来价格也一直在上涨。

（三）切工对价格的影响

切工的优劣直接影响钻石的美观度，如用肉眼便可观察到的亮度、火彩与闪烁（图 8-4）。

亮度：完美的切割比例，能使钻石最大限度地反射出进入其内部的光线。良好的抛光，可使钻石呈现更强的光泽。

火彩：射入钻石的白光（日光）经一系列折射和反射后，可以产生绚丽多彩的光芒。切工精良的钻石，火彩会非常明显。

闪烁：转动钻石时，小刻面呈现璀璨星辰般的闪烁。

随着钻石购买群体的日臻成熟，切工愈发受到重视，其对价格的影响越来越大。市场上，常以比利时工、以色列工及印度工等来代表切工的优劣。一般而言，比利时工最好，印度工一般，两者在市场上的价格可相差 10% 以上。

（四）克拉重量对价格的影响

在颜色、净度、切工条件近似的情况下，随着钻石重量的增大，其价格呈几何级数上涨（图 8-5）。一颗钻石的价值，约与钻石克拉重量的平方成正比。例如，一颗 2 克拉的钻石，价值可能是同等品质 1 克拉钻石的 4 倍左右或更高。

在钻石贸易中，一颗钻石的价格，以每克拉单价乘以钻石的克拉重量计算：

钻石的价格 = 克拉重量 × 每克拉单价

图 8-5 折边镶钻石戒指，主石重 5.07 克拉

钻石的每克拉单价并不是固定的，而是随钻石重量的增加呈阶梯状增涨（图 8-6），这种现象称为克拉溢价。这主要是由于大多数消费者对于整数克拉钻石的偏爱造成。如 1.00 克拉与 0.99 克拉的钻石，尽管重量上仅有 0.01 克拉之差，1.00 克拉钻石的每克拉单价却高很多。2 克拉、3 克拉、10 克拉也是如此。重 6 ~ 10 克拉的钻石，其克拉单价与 5 克拉的相差不大，变化比较平稳。超过 10 克拉的钻石溢价现象减弱。市场上常见的 1/4 克拉、1/3 克拉、1/2 克拉、3/4 克拉等简单分数克拉数，也会出现克拉溢价的现象。

克拉溢价的幅度还与钻石的品质有关。高品质（D 色，净度 IF）钻石的克拉溢价幅度很大，低品质（K 色以下，P 级）克拉溢价幅度小。对重量在克拉溢价范围内的钻石进行估价时，除注意克拉溢价因素外，还应特别注意切工。这是因为钻石加工者往往为了保重，使钻石达到克拉溢价台阶，而降低了对切工质量的要求。

（五）各因素的综合考虑

钻石 4C 中的每一项都会影响价格，各方面应进行综合考虑与比较。钻石的颜色等

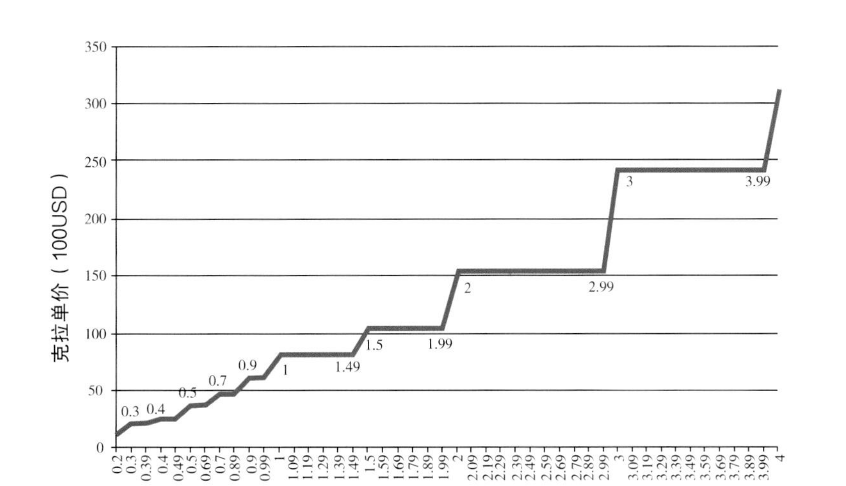

图 8-6 钻石的克拉单价随重量的变化

（数据取自：Rapaport 报价表，2013 年 10 月 4 日，VS_1，H 色，标准圆钻型）

级肉眼可分辨，切工直接影响钻石的亮度、火彩等外观特征，肉眼也可分辨。而净度特征一般较不明显，用放大工具观察才可发现。相比于净度，颜色和切工对钻石的单克拉价格影响更大，切工对钻石价格的影响可达 10% ~ 40%。全美钻较为稀少，所以其价格比普通品质钻石高很多，如购买时超出预算，应综合权衡 4C 的各个方面，并结合主观因素，对 4C 哪个方面较为关注和偏好，选购最合适的钻石（图 8-7、图 8-8）。

图 8-7　群镶钻石葫芦吊坠

图 8-8　群镶钻石心形吊坠

二、影响钻石价格的其他因素

（一）钻石的稀少性

宝石的稀少程度往往与其价值成正比。作为“宝石之王”的钻石，在自然界相当稀少，其矿石的典型品位按重量计约为千万分之一。高色级、高净度的大克拉钻石更稀少，其价格会更高，高饱和度的彩色钻石就十分难得（图 8-9、图 8-10）。

图 8-9　四爪镶钻石戒指

图 8-10　钻石吊坠

（二）戴比尔斯对钻石市场的影响

戴比尔斯的出现使国际钻石业开始系统性运作，通过保持收购量、调节供应量来克服价格完全受市场支配的被动局面，从而维持钻石价格相对稳定。近年来，根据市场供求关系的变化，戴比尔斯多次调整钻坯的供应量及价格，以保持相应的钻石价格稳定。

（三）市场需求

消费者对钻石的需求也是影响钻石价格的因素。若需求量大而供给有限，钻石价值随之上涨。不同地区、不同时期，市场对钻石的需求都在变化，受经济环境、文化传统及流行趋势等多方面因素的共同影响。

花式钻石的价格受市场需求的影响较大，一般比相同品质等级和克拉重量的圆钻价格低 5% ~ 20%，如公主方型（图 8-11）、水滴型（8-12）、祖母绿型等，有时市场需求量较大，价格会有所上浮。

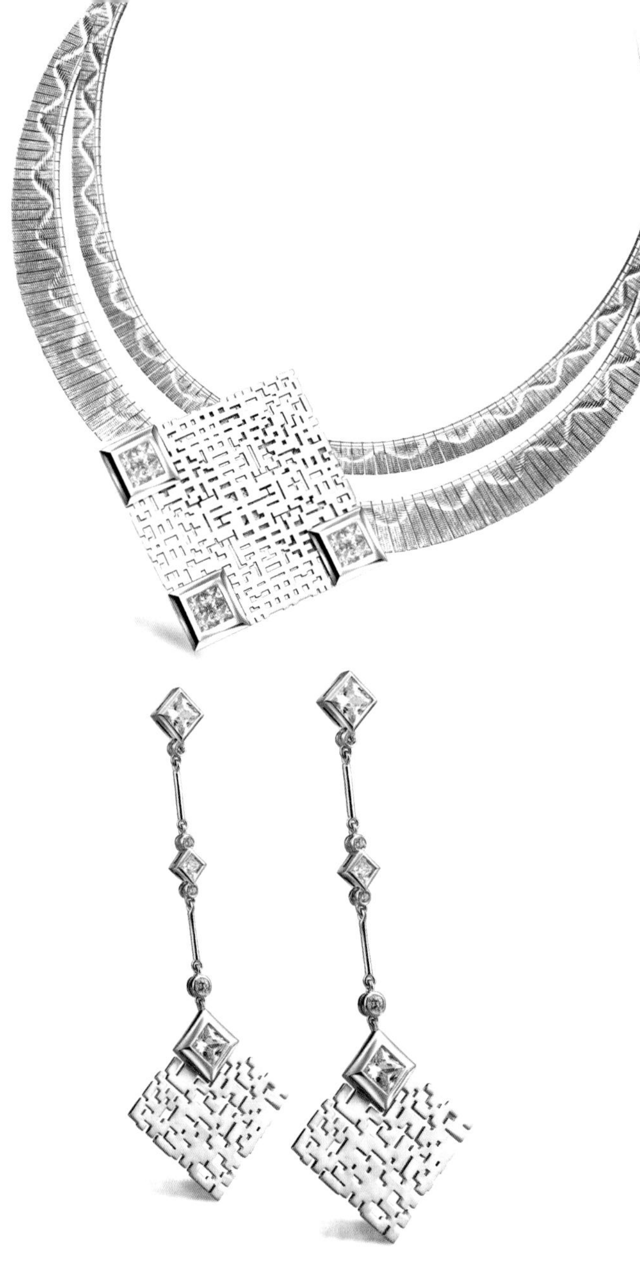

图 8-11　公主方型钻石套装

图 8-12　水滴型黄色钻石珍藏套装

（四）钻石的文化历史渊源

钻石的特殊出处可以增加其附加价值，例如曾被皇室成员、历史名人、明星拥有过，或经历过特殊的历史事件，都赋予其独特的历史文化意义和无可替代的地位，从而大幅提升钻石的价值。另外，一些古董珠宝还因其年代久远而具有考古价值和科研价值。

图 8-13 为距今已有 180 多年历史的钻石花冠头饰，1835 年制作于西欧，可作为项链佩戴。钻石群镶为花环造型，花蕊以红宝石镶嵌，奢华珍贵，现珍藏于英国国立维多利亚与艾尔伯特博物馆。

图 8-13　钻石花冠头饰

玫瑰形钻石胸针（图 8-14），1938 年由卡地亚珠宝公司制作于英国伦敦，采用铂金镶嵌长阶梯型切割、圆形旧式切割和单面切割的钻石上。1953 年 6 月 2 日，玛丽公主参加其姐姐伊丽莎白二世女王在英国威斯敏斯特教堂的加冕礼时佩戴此胸针。

图 8-14 玫瑰胸针

（五）经济环境

社会经济发展水平和民众购买观念的变化，会影响对钻石首饰的需求，并直接体现在钻石的价格上（图 8-15）。我国近年来经济发展迅速，对名贵宝石的需求逐年飙升，克拉钻石也成为大众的新宠。相反，经济低迷时，大众的购买力下降，对钻石的需求随之减少。

图 8-15 钻石戒指

（六）钻石文化的推广

“A Diamond is Forever”（钻石恒久远，一颗永流传），这句诞生于 20 世纪 40 年代的戴比尔斯正规用语，被公认是 20 世纪最具代表性的广告语。自此，钻石被视为爱情的象征。近几十年来，以钻戒作为定情信物的风俗，在全球尤其是在东南亚一带，已深入人心，钻石的需求量随之大幅增加（图 8-16）。

图 8-16　钻石婚戒

第二节

钻石的选购

一、钻石的选购需求

钻石因美丽、耐久、稀少的特性及独特的魅力而深受人们喜爱。如今，越来越多的人购买钻石作为投资收藏、绚美饰物、婚嫁首饰和节日礼物。

作为珠宝收藏的主要品种之一，当钻石的克拉重量较大，颜色、净度、切工等级较高时，钻石首饰具有稀有性和较高的价值，成为值得收藏的珍品（图 8-17）。

璀璨绚丽的钻石首饰常常作为珍贵的珠宝佩戴装饰，提升佩戴者的魅力和气质。

作为爱情信使，钻石代表永恒和坚贞不渝。钻石首饰，特别是婚戒（图 8-18），已成为婚嫁的必备品之一。

最珍贵的礼物送给最珍贵的人，母亲节、

图 8-17 收藏级钻石裸石珍品重达 21 克拉

图 8-18　钻石婚戒

圣诞节、情人节、结婚纪念日……在这些特别的日子里，挑选一件精致的钻石首饰作为礼物，已成为一种潮流和趋势——对方一定能领会这份心意，并将其作为永久的纪念。

二、钻石裸石的选购

如今越来越多的人选择购买钻石裸石（图 8-19）。如果不能确定佩戴者适宜的尺寸或喜欢的款式，可以选择先购买钻石裸石，之后再镶嵌，这样也可以增加选择的多样性，挑选更加别致的款式或自行设计款式进行镶嵌。与钻石镶嵌的成品相比，裸石的价格更加优惠。

图 8-19　钻石裸石

三、钻石首饰成品的选购

选购钻石首饰成品，除了要考虑钻石本身的质量，还应考虑设计、镶嵌以及作品的整体美观度，根据不同的需求选购不同的钻石首饰（图 8-20 ~ 图 8-22）。

图 8-20　玫瑰切工钻石吊坠

图 8-21　个性风格美钻手镯

图 8-22　钻石戒指

应注意观察首饰的制作工艺，如镶嵌是否牢固等；还应注意观察配镶的小颗粒钻石是否明亮，是否经过镶嵌掩盖钻石的缺陷，设计和工艺是否更好地展现钻石的美，佩戴是否舒适等。对于由小钻石组合群镶的成品首饰，应心中有数：此种首饰的装饰和视觉效果好，看上去很华丽，价格也不会很贵，但收藏性和升值性不大。

四、钻石选购注意事项

选购时应向售货员要求查看钻石的相应证书，仔细检查证书是否与钻石匹配以及证书真伪。出具钻石分级证书的机构有 NGTC（中国国家珠宝玉石质量监督检验中心）、GIA（美国宝石学院）、HRD（比利时钻石高层议会）、CIBJO（国际珠宝联盟）、IGI（国际宝石学院）、IDC（国际钻石委员会）和 Scan.D.N（斯堪的纳维亚钻石委员会）等。证书上会有钢印、水印等防伪标记，也可以根据证书编号在网络上查询。

尽量选择正规信誉度高的大型商场、珠宝专卖店、大型珠宝城等购买，确保所购买的钻石首饰质量可靠、售后服务优质。最好选择优秀品牌购买，使质量和售后更有保障（图 8-23 ~ 图 8-26）。

图 8-23　北京菜市口百货股份有限公司总店夜景

图 8-24　北京菜市口百货股份有限公司董事长赵志良（左 3）参加新品发布会

图 8-25　北京菜市口百货股份有限公司总店卖场

图 8-26　北京菜市口百货股份有限公司总店钻石卖场

第三节

钻石首饰的保养

如同爱情和婚姻需要精心呵护一样，首饰也需要精心保养才能保持明亮的光泽。尽管钻石是自然界中硬度最高的矿物，但也需要遵循相应的佩戴要领和保养规则。保养得当，不仅能使钻石永葆耀眼的光辉，也可避免不必要的经济损失。

一、钻石首饰的佩戴与存放

佩戴钻石首饰注意事项：

- 香水和化妆品通常具有一定的酸碱性，会对镶嵌金属造成一定影响，使用前须先摘下钻石首饰。
- 进行剧烈运动时尽量不要佩戴钻石首饰，避免宝石与硬物碰撞。即便是最坚硬的钻石，因其解理发育，在重力撞击下也容易出现缺口。
- 钻石首饰应尽量远离厨房，减少与油脂接触的机会。油污会使宝石的光泽变得暗淡，特别是钻石易附油污而影响火彩。

钻石首饰的存放：首饰的存放也有一定的讲究，错误的存放方式可能造成首饰的损伤。存放前检查首饰是否松动，从而避免下次佩戴时发生宝石脱落。应将首饰分开放置在首饰盒中，或分开插入组合首饰盒中相应的位置。

二、钻石首饰的清洗与维修

空气中的尘粒、人体分泌的油脂、不小心洒上的饮料等，都有可能使钻石粘上污渍，定期清洗首饰是非常必要的。消费者可以到原来购买首饰的商家进行清洗。除此之外，若在家中自己清洗首饰，可以依照以下方法：

- 在温水中滴入少许中性清洗剂，将首饰浸泡其中约 5min。
- 用软毛牙刷轻轻洗刷宝石的冠部、底部以及贵金属的缝隙。
- 最后用清水冲洗干净，并用冷风吹干。

切忌使用漂白水清洗首饰，因为漂白水可使金属产生斑点。

在专业首饰店购买的钻石首饰可定期到店内进行专业维修。有信誉的商家会提供专业珠宝清洗服务，同时会检查首饰的镶嵌是否牢固，并提出专业意见（图 8-27）。

图 8-27　钻石首饰

参考文献

[1] 陈钟惠译. DGA钻石证书教程[M]. 武汉：中国地质大学出版社，2005.

[2] 地质部地质辞典办公室. 地质辞典（二）矿物、岩石、地球化学分册[M]. 北京：地质出版社，1981.

[3] 冯韵明. 首饰制作工艺[J]. 珠宝科技，1995，3：4-7.

[4] 葛庆，汪鉴. 首饰创意设计中的镶嵌技法应用[J]. 艺术与设计，2009，2：175-177.

[5] 故宫博物院. 卡地亚珍宝艺术[M]. 北京：紫禁城出版社，2009.

[6] 国家质检总局国家标准化管理委员会. GB/T 16553-2010 珠宝玉石 鉴定[S]. 北京：中国标准出版社，2010.

[7] 国家质检总局国家标准化管理委员会. GB/T 16554-2010 钻石分级[S]. 北京：中国标准出版社，2010.

[8] 国家质检总局国家标准化管理委员会. GB/T 16552-2010 珠宝玉石名称[S]. 北京：中国标准出版社，2010.

[9] 胡楚雁，邵敏. 首饰镶嵌工艺类型的分类探讨[J]. 珠宝科技，2003，15（50）：53-55.

[10] 黄云光，王昶，袁军平. 首饰制作工艺[M]. 武汉：中国地质大学出版社，2010.

[11] 李举子. 宝石镶嵌技法[M]. 上海：上海人民美术出版社，2011.

[12] 刘严. 彩色钻石[M]. 北京：地质出版社，2008.

[13] 路凤香，郑建平，陈美华. 有关金刚石形成条件的讨论[J]. 地学前缘，1998，5（3）：125-131.

[14] 王昶，袁军平，贵金属首饰制作工艺[M]. 北京：化学工业出版社，2008.

[15] 王濮，潘兆橹，翁玲宝，等. 系统矿物学（上册）[M]. 北京：地质出版社，1982.

[16] 王濮，潘兆橹，翁玲宝，等. 系统矿物学（下册）[M]. 北京：地质出版社，1987.

[17] 王新民，唐左军，王颖. 钻石[M]. 北京：地质出版社，2012.

[18] 吴舜田，等. 实用钻石分级学[M]. 台北：台湾经纶图书公司，1991.

[19] 姚凤良，孙丰月. 矿床学教程［M］. 北京：地质出版社，2006.

[20] 袁心强. 钻石分级的原理与方法［M］. 武汉：中国地质大学出版社，1998.

[21] 张蓓莉，陈华，孙凤民. 珠宝首饰评估［M］. 北京：地质出版社，2000.

[22] 张蓓莉，等. 系统宝石学［M］. 北京：地质出版社，2008.

[23] A Guide to Rough Diamond Classifications［J］. Rough Diamond Review. 2003，Jun：9–12.

[24] A.J.A.（Bram）Janse. Global Rough Diamond Production Since 1870［J］. Gems & Gemology，2007，43（2）：98–119.

[25] A.J.A.（Bram）Janse. Global Rough Diamond Production since 1870［J］. Gems & Gemology，2007，43（2）：98–119.

[26] AK ALROSA IFRS consolidated financial statements for the year ended 31 December 2012［R/OL］. 2013. www.eng.alrosa.ru/investment.

[27] Alan T.Collins. Identification Technologies for Diamond Treatments［J］.Gems & Gemology，2006，42（3）：33–34.

[28] Andy H.Shen，Wuyi Wang，Matthew S.Hall，Steven Novak，Shane F.McClure.

[29] BHP Billiton. FY2012 BHP Billiton EEO Public Report［R/OL］. 2012. www.bhpbilliton.com.

[30] Breeding C.，Shigley J.E. The "Type" Classification System of Diamonds and Its Importance in Gemology［J］. Gems & Gemology，2009，45（2）：96–111.

[31] C.Frondel，U.B.Marvin. Lonsdaleite，a Hexagonal Polymorph of Diamond［J］. Nature. 1967，214：587–589.

[32] Carolyn H.Van der Bogert，Christopher P.Smith，Thomas Hainschwang，Shane F.McClure. Gray–To–Blue–To–Violet Hydrogen–Rich Diamonds from the Argyle Mine，Australia［J］.Gems & Gemology，2009，45（1）：20–37.

[33] D.B.Hoover. The GEM Diamond Master and the Thermal Properties of Gems［J］. Gems & Gemology，1983，19（2）：77–86.

[34] De Beers group of companies. Operating and Financial Review 2012［R/OL］. 2013. www.debeersgroup.com.

[35] Diamond Council of America. The Diamond Course［M］. DCA，2012.

[36] Edwin W.Streeter. The Great Diamonds of the World：Their History and Romance［M］. London：G.Bell & Sons，1882.

[37] Elise A.Skalwold，Nathan Renfro，James E.Shigley，Christopher M.Breeding. Characterization of A Synthetic Nano–Polycrystalline Diamond Gemstone［J］. Gems & Gemology，2012，48（3）：188–192.

[38] Eloïse Gaillou，Jeffrey E.Post. An Examination of the Napoleon Diamond Necklace［J］. Gems & Gemology，2007，43（4）：352–357.

[39] François Farges，Scott Sucher，Herbert Horovitz，Jean–Marc Fourcault. The French Blue and the Hope：New Data from the Discovery of a Historical Lead Cast［J］. Gems & Gemology，2009，45（1）：4–19.

[40] GIA. Diamond Grading［M］. GIA，2008.

[41] GIA. Diamond [M]. GIA, 2008.

[42] Harry Winston Diamond Corporation. Harry Winston Diamond Corporation 2012 Annual Report [R/OL]. 2013. www.harrywinston.com.

[43] HRD Antewerp Institute of Gemmology. 钻石 [M]. HRD.

[44] James E.Shigley, Christopher M.Breeding, Andy Hsi–Tien Shen.An Updated Chart on the Characteristics of HPHT–Grown Synthetic Diamonds [J]. Gems & Gemology, 2004, 40 (4): 303–313.

[45] James E.Shigley, Christopher M.Breeding. Optical Defects in Diamond: A Quick Reference Chart [J]. Gems & Gemology, 2013, 49 (2): 107–111.

[46] James E.Shigley, Thomas M.Moses. Serenity Coated Colored Diamonds: Detection and Durability [J]. Gems & Gemology, 2007, 43 (1): 16–34.

[47] John M.King , James E.Shigley. An Important Exhibition of Seven Rare Gem Diamonds [J]. Gems & Gemology, 2003, 39 (2): 136–143.

[48] John Nichols. The Progresses and Public Processions of Queen Elizabeth [M]. London: John Nichols and Son, 1823.

[49] John.I.Koivula. The Microworld of Diamonds [M]. Gemworld International. Inc, 2000.

[50] Kimberley Process Certification Scheme. KBPS Annual Report 2010 [R/OL]. www.kimberleyprocess.com.

[51] Kurt Nassau, Shane F.McClure, Shane Elen, James E.Shigley. Synthetic Moissanite: A New Diamond Substitute [J]. Gems & Gemology, 1997, 33 (4): 260–275.

[52] Leonard Gorelick, A.John Gwinnett. Diamonds from India to Rome and Beyond [J]. American Journal of Archaeology. 1988, 92 (4): 547–552.

[53] Mohsen Manutchehr–Danai. Lonsdaleite. Dictionary of Gems and Gemology [M]. Springer Berlin Heidelberg. 2009.

[54] Pan, Zicheng; Sun, Hong; Zhang, Yi; Chen, Changfeng. Harder than Diamond: Superior Indentation Strength of Wurtzite BN and Lonsdaleite [J]. Physical Review Letters. 2009, 102 (5): 5503.

[55] Philip M.Martineau, Simon C.Lawson, Andy J.Taylor, Samantha J.Quinn, David J.F.Evans, Michael J.Crowder. Identification of Synthetic Diamond Grown Using Chemical Vapor Deposition (CVD) [J]. Gems & Gemology, 2004, 40 (1): 2–25.

[56] Rapaport Diamond Report October 2013 [R/OL]. www.diamonds.net.

[57] Rio Tinto. Argyle Diamonds 2011 Sustainable Development Report [R/OL]. 2012. www.argylediamonds.com.au.

[58] Rio Tinto. Diavik Diamond Mine 2012 Socio–economic Monitoring Agreement Report [R/OL]. 2013. www.diavik.ca.

[59] Robert C.Kammerling, Shane F.McClure, Mary L.Johnson, John I.Koivula, Thomas M.Moses, Emmanuel Fritsch, James E.Shigley. An Update on Filled Diamonds: Identification and Durability [J]. Gems & Gemology, 1994, 30 (3): 142–177.

[60] Robert E.Kane, Shane R McClure, Joachim Menzhausen. The Legendary Dresden Green Diamond [J]. Gems & Gemology, 1990, 26 (4): 248–266.

[61] Shane F.McClure, Robert C.Kammerling. A Visual Guide to the Identification of Filled Diamonds [J]. Gems & Gemology, 1995, 31 (2): 114–119.

[62] Thomas W.Overton, James E.Shigley. A History of Diamond Treatments [J]. Gems & Gemology, 2008, 44 (1): 32–55.

[63] V. Fausboll. Indian Mythology According to the Mahabharata [M]. Kessinger Publishing LLC, 2006.

[64] World Federation of Diamond Bourses. List of WFDB Bourses [R/OL]. www.wfdb.com.

[65] Wuyi Wang, Matthew S.Hall, Kyaw Soe Moe, Joshua Tower, Thomas M.Moses. Latest–Generation CVD–Grown Synthetic Diamonds from Apollo Diamond Inc [J]. Gems & Gemology, 2007, 43 (4): 294–312.

[66] Wuyi Wang, Ren Lu. Orange, with Unusual Color Origin [J]. Gems & Gemology, 2013, 49 (1): 45.

[67] Wuyi Wang, Thomas Moses, Robert C.Linares, James E.Shigley, Matthew Hall, and James E.Butler. Gem–Quality Synthetic Diamonds Grown by a Chemical Vapor Deposition (CVD) Method [J]. Gems & Gemology, 2003, 39 (4): 268–283.

专业名词中英文对照表

A

Abrasion	棱线磨损

B

Beard	须状腰
Bezel Setting	包镶 / 折边镶
Bow-tie	领结效应
Brillianteering	多面切磨
Bruting	车钻
Burn Mark	烧痕

C

Canary	金丝雀黄
Carat Weight	克拉重量
Carat，ct	克拉
Cavity	空洞

Centenary Diamond	世纪钻石
Channel Setting	轨道镶 / 槽镶
Chemical Vapor Deposition，CVD	化学气相沉积法
Clarity	净度
Cleavage	解理
Cleaving	劈钻
Cloud	云状物
Cluster Setting	簇镶
Color	颜色
Colorless/Cape Series	无色至浅黄（褐、灰）系列 / 开普系列
Cross Cutting/Blocking	交叉切磨
Crown Angle	冠角
Crown Height	冠高比
Crystal Inclusion	浅色包裹体
Cubic Zirconia，CZ	合成立方氧化锆
Culet Size	底尖大小
Cullinan Diamond	库里南钻石
Cullinan I/The Great Star of Africa	库里南 I 号 / 非洲之星
Cullinan II/The Lesser Star of Africa	库里南 II 号 / 非洲之星第二
Cut	切工

D

Dark Inclusion	深色包裹体
Designing	设计标线
Diamond	钻石
Diamond Solitaire	单石镶
DiamondSure®	钻石确认仪
DiamondView®	钻石观测仪
Dispersion	色散值
Dividing	分割
Dresden Green Diamond	德累斯顿绿色钻石
Drop/Pear Brilliant Cut	水滴形 / 梨形明亮型

E

Emerald Cut	祖母绿型
Eternity Ring	永恒戒
Extra Facet	额外刻面

F

Fancy Color	彩色系列
Fancy Cut	花式琢型
Feather	羽状纹
Fire	火彩
Fish Eye	鱼眼效应
Fracture Filling	充填处理

G

Girdle Thickness	腰厚比
Grain，gr	格令
Group Setting	群镶
Growth Hillock	生长丘
Growth Striation	生长纹

H

Hardness	硬度
Heart Brilliant Cut	心形明亮型
Heart of Eternity	永恒之心
Hearts & Arrows Diamond	八心八箭
High Pressure High Temperature，HPHT	高温高压
Hope Diamond	霍普钻石
Hue	色调

I

Indented Natural	内凹原始晶面
Inscription	人工印记

Internal Graining	内部纹理
Irradiation	辐照处理

K

Kimberley Process Certification Scheme，KPCS	金伯利进程证书制度
Koh–I–Noor	光明之山 / 柯伊诺尔

L

Laser Drilling	激光钻孔
Laser Mark	激光痕
Luster	光泽

M

Macle	三角薄片形双晶
Marquise Brilliant Cut	马眼形 / 橄榄形明亮型
Millegrain Settting	种子式镶嵌
Millennium Star	千禧之星
Mohs' Hardness，H_M	摩氏硬度

N

Nail Head	黑底效应
Nano–polycrystalline Diamond，NPD	纳米多晶合成钻石
Natural Facet	原始晶面
Needle	针状物
Nick	缺口
Noor–ul–Ain	光明之海 / 光明之眼

O

Open Pit Mining	露天开采
Orlov Diamond	奥尔洛夫钻石
Oval Brilliant Cut	椭圆形明亮型

P

Pave Setting	钉镶
Pavilion Angle	亭角
Pavilion Depth	亭深比
Photoluminescence Spectroscopy	光致发光光谱
Pinpoint	点状包体
Pit	击痕
Point，pt	分
Polish Lines	抛光纹
Polishing	抛磨
Prong Setting	爪镶
Proportions	比率

R

Radiant Cut	雷迪恩型
Refractive Index	折射率
Regent Diamond	摄政王钻石
Round Brilliant Cut	标准圆明亮琢型

S

Sancy Diamond	仙希钻石
Saturation	饱和度
Sawing	锯钻
Scratch	刮痕
Shah Diamond	沙赫钻石
Sight	看货会
Sightholder	看货商
Sorting	钻坯分类
Specific Gravity，S.G.	比重
Square Brilliant Cut/Princess Cut	方形明亮型 / 公主方型
Surface Coating	覆膜处理
Surface Graining	表面纹理
Symmetry	对称性

Synthetic Carborundum/Moissanite	合成碳硅石 / 莫桑石

T

Table Size	台宽比
The Star of Sierra Leone	塞拉利昂之星
The Star of South Africa	南非之星
Three-diamond Anniversary Ring	三石镶
Tone	明度
Total Depth	全深比
Transparency	透明度
Triangular Brilliant Cut/Trillion	三角形明亮型

U

Ultraviolet-visible Absorption Spectroscopy	紫外可见光吸收光谱
Underground Mining	地下开采

V

Vickers Hardness，H_V	维氏硬度